本成果受到中国人民大学“985 工程”的支持

21 世纪人口学研究系列

家庭财产影响因素研究

Determinants of Household Wealth

靳永爱 / 著

社会科学文献出版社
SOCIAL SCIENCES ACADEMIC PRESS (CHINA)

本成果受到中国人民大学“985工程”的支持

21 世纪人口学研究系列

家庭财产影响因素研究

Determinants of Household Wealth

靳永爱 / 著

社会科学文献出版社
SOCIAL SCIENCES ACADEMIC PRESS (CHINA)

从书总序

1662年，英国人约翰·格兰特出版专著《关于死亡表的自然的和政治的考察》，标志着现代人口学的诞生。迄今为止，世界人口学的发展历史已有300多年。

1974年，中国人民大学人口研究所创建，是国内创办最早、学术力量最为雄厚、人才培养层次最全的人口与发展领域的专门教学和科研单位。从此以后，国内第一个人口学专业硕士点、国内第一个人口学专业博士点、国内唯一的人口学重点学科点、国内唯一的人口学教育部人文社会科学重点研究基地相继在此诞生。

2011年10月31日，联合国人口基金宣布全世界人口达到70亿。这一天，距1999年的"60亿人口日"不过12年。

2010年11月1日，中国第六次人口普查揭示中国总人口超过13.7亿。相比较1953年7月1日新中国成立后的第一次人口普查结果6亿，在这块960万平方公里的版图上，人口数量已经翻了一番还要多。

人类生活在愈来愈拥挤的地球上，人口的数量、素质、结构、分布由不断出生、死亡和迁移流动着的人群所决定，这也改变着人们的生存环境和生活状态。

以人类人口作为研究对象的人口学尽管发展了300多年，依然疑惑着人类的发展空间、好奇着人口的变化因果、争论着人类与环境的关系、探索着人口未来的走向。也许，正如对人类的终极考问"你是谁?""来自何方?""去向何处?"一样，生命不息，对于人、人群及生活于其中的社会的探索就会没有止境。

在人口形势和人口问题上，全世界各个国家既有共同语言，又各怀难言之隐。"婴儿潮"的一代人刚刚淡出视野，"低生育率"的焦虑又跃上心头；正无奈于失业率的居高不下，劳动力短缺的号角却已吹响；更不用说"银发浪潮"

铺天盖地，国际移民四处奔走。“生存还是死亡?”在人类文明如此发达的今天似乎早已不是问题，但如何提升生命素质、提高生活质量却是一个没有终点的追求。

作为世界第一人口大国，中国的人口转变遵循了世界的一般规律，人口再生产类型从高出生率、高死亡率、低自然增长率的传统模式已转为低出生率、低死亡率和低自然增长率的现代模式。然而，庞大的人口基数、迅速的转变过程、独特的中国国情也带来了非同一般的人口现实和无先例可循的人口问题。

21世纪，一个新的起点。对于人口的过去和未来，我们充满好奇和探索精神。正如中国人民大学社会与人口学院院长、人口与发展研究中心主任翟振武教授所指出的：“在中国这样一个人口大国中，地域差距极大，人口状况千差万别，人口问题更是复杂多样。实践呼唤理论，实践呼唤人口科学的发展。正是这种复杂的人口国情，为中国人口科学的发展提供了得天独厚的土壤。因此，中国的人口学没有理由不出经典巨著，没有理由不出大师级人物，没有理由不站在国际人口学学术前沿。”

受此鼓舞和启发，中国人民大学社会与人口学院人口学系人口学教研室酝酿策划了这套丛书，希望用我们的眼光和视角关注21世纪的人口学，用我们的智慧为人口学研究添砖加瓦。在此要特别感谢教研室的各位同仁：人口学系系主任段成荣教授、人口与发展研究中心副主任刘爽教授、澳大利亚国立大学人口学博士暨中国人民大学人口学博士陈卫教授、美国布朗大学社会学博士杨菊华教授和北京大学社会学博士巫锡炜讲师。特别感谢中国人民大学“985工程”经费的资助，以及社会科学文献出版社的精心编辑，使这套丛书得以面世。

我们希望，以这套研究丛书为契机，中国的学者站在21世纪，纵观人口的过去，展望人类的未来；立足于中国，通过中国的人口现实折射世界的人口形势，以中国的人口经验充实世界人口学的宝库。

人口学教研室主任　宋　健
2012年4月于北京

前　言

在当今社会，财产作为一个家庭最关键的经济资源，影响包括阶层地位、教育、健康、幸福感、人口过程在内的众多社会结果，是社会分层和社会流动研究的重要维度。家庭财产分配已成为一个跨社会学、经济学、人口学等多学科领域的核心问题。在私有财产快速积累了三十年的今天，中国的家庭财产分布问题已经显现。但由于数据的缺乏，目前对中国家庭财产水平、分布、结构，特别是背后的影响机制的认知非常有限。

由北京大学组织的中国家庭追踪调查（China Family Panel Studies，CFPS）从 2010 年开始已经完成了两次全国性的调查，收集了详细的家庭财产数据和家庭成员信息，为开展家庭财产研究奠定了很好的数据基础。同时，由中国人民大学组织收集的中国综合社会调查（Chinese General Social Survey，CGSS）自 2003 年以来连续进行了多次全国性的调查，其成果是进行时间趋势分析的理想数据。本研究以 CFPS 数据为主，以 CGSS 数据为辅，在估计中国家庭财产水平和分布现状的基础上，利用定量方法，深入探索中国家庭财产积累过程和机制，探究家庭背景对财产水平的影响途径，以及代际影响的时代变迁。

本书主要探究四个问题：第一，中国家庭财产现状，包括水平、分布和结构；第二，制度性因素和市场性因素分别对家庭财产水平产生了什么影响；第三，父母社会经济特征如何影响子女的家庭财产水平；第四，代际影响如何随时代的变化而变化。以四个研究问题为线索，章节安排如下：第 1 章介绍研究背景；第 2 章总结已有研究成果和理论，构建分析框架；第 3 章结合调查数据和外部数据，估计中国目前的家庭财产水平、分布和结构，回答第一个研究问题；第 4 章初步探索家庭财产的分配模式，为后文构建模型时的变量选择奠定基础；第 5~7 章是全文的核心内容，依次回答第二、三、四这 3 个关键研究问题；第 8 章进行总结和延伸，提出未来研究展望。

本研究是一项探索性的研究，在有限的数据条件下，尽可能深入探索家庭财产的影响机制。主要创新点有：用实证数据探索家庭财产积累背后的影响因素，结合相关理论，分析中国家庭财产积累方式，拓展了中国现有社会分层和社会流动领域的研究内容；将财产与收入并列对比分析，深入剖析财产不同于收入的独特影响机制，并实证分析二者存在差异的原因，是对社会分层的有益补充；引入代际视角和时间视角，动态地分析代际影响的队列差异和时代差异，进一步加深对财产影响机制的认知。

受数据限制，本研究也有一些缺陷，未来的数据收集和财产研究可以进一步完善和拓展。一是根据截面数据分析制度性因素和市场性因素的影响只能捕捉到调查时点的情况，反映的是调查时两个因素分别的影响，由于缺乏历史工作信息和市场活动参与信息，不能将过去受到的体制因素和市场因素影响分离出来。更准确深入地分析这两个因素对家庭财产积累的影响，需要长期追踪数据。二是父母社会经济地位的最直接指标应该是财产水平和收入，但是调查并没有收集这两个变量信息，只能以父母的教育、职业、户口等信息代表其社会经济地位。三是最顶端极富人群的信息缺失，这是所有财产调查和收入调查共同面临的问题。根据调查数据只能得到一般意义上的差异，而顶端极富人群财产积累受到的影响因素可能有所不同。四是无法评估和控制财产数据收集过程中的漏报、瞒报和误报情况。

尽管存在以上缺陷，本研究在家庭财产分配模式和影响机制上迈出了重要一步，做了尝试性探索，以期未来有更多的研究关注这个问题。

目　录

图索引

表索引

第1章 引言

早在公元前，古希腊哲学家柏拉图就意识到了财产与政治权力之间的关系，认为财产的平衡和权力的平衡是一致的，如果出现财产占有的不平等，那么拥有财产者必然会掌握权力。法国政治社会学家托克维尔提出，财富积累是一切行为的动力（Tocqueville，1840）。财富的重要性不言而喻。

纵观人类历史，任何一个有阶级结构的社会都只有少数人掌握绝大部分资本和资源，如奴隶社会时期的奴隶主、封建社会时期的地主阶级、资本主义社会的资产阶级，这些权力的掌控者是当时社会形态下财富的占有者。统治阶级试图通过一切统治工具维持对财富的绝对占有，而被统治阶层却只能维持基本的生存。历朝历代社会矛盾的激化直至最后王朝被推翻、新王朝建立，财富分布的极度不均衡可能不是最根本的原因，但一定是主要的经济原因。

在封建社会以前，尽管财富分布不平等是既成事实，但社会整体生产力低下，经济资源分配问题并没有成为社会大众关注的中心，人们真正地开始关注财富分配始于工业革命的兴起。在工业革命的推动下，技术快速革新，社会生产效率迅速提高，生产资料的占有者——资产阶级迅速积累了巨额资产（Clark，2008；Piketty，2014），少数人掌握着社会绝大部分财富，而广大工人阶级则在生存的边缘线挣扎。这一时期，文学创作者、艺术家、学术研究者开始从各个方面刻画财富分布的极度不均衡。以巴尔扎克、雨果为代表的文学家通过一部部小说刻画了资本主义社会的尖锐矛盾和贫富悬殊，描述了下层人民生活的“悲惨世界”，也展现了人们在贫富悬殊的社会中如何进行婚姻匹配。这一时期财富差距的扩大也催生了学术研究，以马克思为代表的经济学家、政治学家看到了工人阶级的处境，总结资本主义社会的资本积累规律，提出“资产阶级资本无限积累”的观点（Piketty，2014）。

当今的社会，财富已经成为社会流动、婚姻匹配、政治活动的关键经济资源，是欧美发达国家社会分层的重要维度（Xie and Jin，2015），具有深远的社会影响，涉及阶级认同、后代教育、婚姻匹配、政治观点等各个方面（Keister，2000）。相应的，对财产的存量、分布、结构、流动等方面的讨论也越来越多。本章从财产本身的功能、财产研究的困难与局限、中国的特殊背景和家庭财产发展历史、引入代际视角的重要性四个方面阐述财产研究的重要性，进而说明本研究的重要意义。

1.1 财产的功能、意义和社会影响[①]

什么是财产？很多人直接想到的就是收入，有些研究甚至直接用收入指标代替，或者将收入与财产混在一起使用（Keister，2000）。但实际上，财产与收入是两个既有联系却又有巨大差别的概念。财产是某一时点的资产存量（stock），是静态的，它是通过一个不断积累的过程而形成的。房产、土地、经营资产、存款、股票、基金、债券、家庭耐用消费品等都是家庭财产。收入则是一定时期内的流量（flow），是动态的。财产可以产生收入，即财产性的收入，比如房租、银行利息等，并且不像普通收入（如工资）那样需要通过牺牲娱乐时间才能换取（Spilerman，2000）。收入的积累则可以转化为财产。

财产是一个家庭或个体最为基本和关键的经济资源，拥有财产的家庭或个体拥有多方面的优势。资产的积累可以促进短期的向上社会流动，保证长期的阶级地位稳定（Keister，2007；Spilerman，2000）。最直接的，财富可以用来消费（Wolff，2004），购买更好的居住环境（Scholz and Levine，2003），购买奢侈品，提高消费品位，让人们更好地享受生活。最重要的是，财富直接反映经济实力，拥有财富的人有可能获得更好的教育机会和职业机会（Keister，2000；Keister

① 财富一般对应英文中的 wealth，是抽象化的表述；财产则对应 asset，是具体化的表述。因为文中多处引用文献，遵照原文表述，财富和财产两个词交替使用，表示同样的含义。本节部分内容来自笔者参与的著作《中国民生发展报告 2014》中的第 1 章《导论》，《导论》作者为谢宇、张晓波、徐宏伟、靳永爱、胡婧炜，笔者负责的是“二、财富”。

and Lee，2014)，获得社会声誉和社会地位（Keister and Moller，2000)，通过投资产生更多的财富（Keister and Lee，2014)，甚至是获得政治权力（Scholz and Levine，2003；Wolff，2004)，影响政策决策（Henretta and Campbell，1978；Oliver and Shapiro，1997；Keister，2014)。同时，富裕的家庭也能够为子女提供更多的资源、帮助子女获得更多的机会，增加了下一代在经济上获得成功的可能性，比如送子女上更好的学校接受更好的教育、帮子女支付住房首付（Fireside et al.，2009)。另外，财富还是个体或家庭遭遇危机时的经济保障，比如失业、医疗突发事件、家庭破裂、其他危机（事故、自然灾害等）（Keister and Moller，2000；Shapiro，2004；Wolff，2004)。财富的经济功能、政治功能和社会功能都与社会流动息息相关，因此，财富是研究社会分层和社会流动的重要经济指标。

研究经济福祉时，人们之所以将关注点集中在收入上，主要是因为收入的数据更易获得（Fireside et al.，2009；Keister and Moller，2000)。目前研究者已逐渐意识到经济地位研究中仅仅关注收入是具有局限性的（Keister and Moller，2000)，对财富的忽视使得不平等研究失去了完整性和全面性。实际上，与收入相比，财富是一个更适合代表家庭经济状况的指标，无论在理论上还是在实证上都更能契合我们所关心的经济福祉（Keister，2000)。衡量经济水平和人们生活的富足程度时，财富是一个更长远、安全和稳定的经济保障指标；而收入则是短期的，容易受到市场波动的影响（Keister，2000)，不能很好地代表家庭经济状况的稳定性（Wolff，1990)。用财富研究社会流动是一个新的视角，可能会发现新的问题，甚至会得出不一样的结论。美国收入研究表明，黑人中产阶级正在出现，而引入财富这个指标后发现，这个结论则是值得质疑的（Oliver and Shapiro，1997)，黑人的净财产明显少于白人。而且，从不平等程度上看，财富的分布比收入更不平等（Wolff，1995；Keister and Lee，2014；Morgan and Scott，2007)。特别是对于中国，很多研究认为，仅仅以收入作为社会分层和社会不平等的指标是有缺陷的（Oberschall，1996；Zhou，Tuma and Moen，1997)，因为经济资源的分配直接与政策因素有关，比如福利分房、单位福利补贴，仅仅用收入难以充分地反映社会经济地位差异。

财富本身的特性——代际传递性使得不平等具有自我强化的作用（Fireside el al.，2009)。一方面，财富可以通过继承传给下一代甚至下下一代，直接影响后代的财富分配。有研究者认为，美国种族之间的财富不平等有很大一部分归因于财富的代际转移（Blau and Graham，1990；Wolff，1992）。另一方面，上文也提到，家庭财富是后代健康、教育、职业等各方面发展的经济保障，财富的直接代际传递能够为后代提供长久的优势（Khan，2012），上一代的财富不平等会加重下一代财富不平等程度（Morgan and Scott，2007）。

财富分配的极度不平等可能会激化社会矛盾。2011 年 9 月的华尔街游行是美国财富和收入不平等引起的社会矛盾的一次集中爆发，大批市民涌上街头，打着“我们是 99%”的旗号，要求与占比为 1%的精英阶层对话（Collins，2012）。可见，一定程度的不平等有利于提高效率，但是过度的不平等则会带来很多社会问题（Keister，2000）。

1.2 财产研究的困难与局限

继工业革命之后，随着技术的不断革新、经济的快速发展，财富不平等矛盾日益突出。社会逐渐认识到财富本身功能的重要性和财富不平等的重大社会后果，研究者们也渐渐意识到财富不平等研究对社会分层研究的重大意义，有关财富分配的讨论也越来越多、越来越深入。20 世纪 50 年代以来，开始出现以统计数据为基础的实证研究，随后，由于专门的财产调查增多，财富研究领域逐渐扩大，研究涉及财产水平和分布的估计、方法的探讨、不平等现状、财产流动等。在对现状认识的基础上，开始有研究探讨经济发展与不平等之间的关系规律、财产不平等的原因和后果等。

尽管很多研究者开始财产研究，研究财产不平等的形成机制，研究财产的代际流动。但由于数据限制，财产研究仍相当有限，这也是经济不平等的大量研究集中在收入而不是财产上的原因。第一，财产数据收集困难重重，顶端人群的数据很难收集到。抽样调查虽然能够反映一些平均指标，比如平均家庭规模、受教育程度、年龄结构，但是难以捕捉到小概率事件。顶端极富人群可以被看作小概率事件，随机抽样调查对此无能为力。但与其他指标不同，财产分布是极其偏倚的，顶端极富人群占据了全国相当大比例的财产，比如在美国，顶端 1%的人占有的全国财产比例长期在三分之一以上。如果遗漏掉顶端极富人群的信息，则对财产水平和分布的估计将是有偏的。第二，即使通过过度抽样收集极富人群的信息，但由于涉及隐私，很多人也不愿意报告自己的财产，或者是对财产的市价估计有困难（Keister，2000）。极富人群的财产信息仍难以获得。第三，财产名目繁多，有些并不在市场上交易，比如耐用消费品、有居住功能的住房、中国农村的土地，调查时对这些财产市场价值的估计有一定困难。第四，与工资性的收入不同，财产是家庭层面的，很难将家庭财产合理分配给家中的成员，因此，在研究家庭财产水平的影响因素时，如何构建家庭层面的特征变量也是研究过程中面临的一个问题。除非收集到每一个家庭成员的信息，否则以任何一个成员的特征代替家庭特征都可能是有偏的。第五，财富流动研究需要长期的追踪调查数据，目前美国有少数几个追踪调查数据可以用来开展财富流动研究，但是在中国，财产的追踪调查才刚刚起步，还难以动态地观察家庭层面的财富流动。

对于中国而言，财产调查非常有限。首次收集财产数据的调查是中国家庭收入调查项目（China Household Income Project，CHIP），开始于1988年，随后在1995年、2002年和2007年分别进行了后续调查。但由于2007年调查财产项目不全（Li，Sato and Sicular，2013），无法用该数据对中国家庭财产现状和趋势进行分析。近几年，相继出现了由北京大学社会科学调查中心组织的家庭追踪调查（China Family Panel Studies，CFPS）和西南财经大学中国家庭金融调查与研究中心组织的中国家庭金融调查（China Household Finance Survey，CFHS），详细地收集了家庭财产数据。虽然这两项调查都是追踪调查，但由于刚刚起步，追踪的年份有限，难以以此开展家庭财产流动研究和代际流动研究。

由于数据收集的困难和长期追踪数据缺乏，中国家庭财产分配的现状、影响因素和后果仍是一个巨大的、值得挖掘的未知领域。财产的流动、财产的影响因素及长远的社会后果还需要大量的实证研究去探索。国内有关收入的研究多且深入，财产研究则较少，而且财产研究多集中在描述性分析财产水平和财产分配，对背后的机制讨论得较少。本研究充分利用已有数据，在力求准确描述家庭财产状况和分配模式的基础上，分析其背后的影响机制。

1.3 中国家庭财产积累的背景

1.3.1 中国家庭财产积累的历史

从新中国成立到改革开放以前，中国实行严格的计划经济体制，物资由国家统一调配，私人财产严格受限，全社会处于吃“大锅饭”的绝对平均主义状态。这一时期，工作单位以及在单位中的职位至关重要。单位是集社会、政治和经济功能于一身的组织，是永久职业地位的标志，个体和他们的家庭完全依靠所附属的单位获取物质资源和职业晋升机会（Xie and Wu，2008），而工作单位内部的资源分配相对平均（Walder，1992；Xie，Lai and Wu，2009）。在这个时期，是否能够进入体制内单位和在单位内部的级别与资源再分配密切相关。

从1978年12月起，中国开始实行对内改革和对外开放的政策。对内改革从农村开始，以安徽省凤阳县为试点，实行“农村家庭联产承包责任制”，农村包产到户。尽管土地所有权仍归国家所有，但农民获得了自产自销的权利，有了积累私有财产的机会，联产承包的改革可以说是向财产私有化迈出了重要一步。1980年国家开始实行有计划的市场经济，市场经济的一个重要特征是财产私有。随着市场经济的逐渐深化，私人财产积累也越来越多。

谈到中国的家庭财产，不得不提的是城市住房。在中国城市，住房成为家庭最重要的财产。随着1980年国务院提出“住房商品化”，住房改革启动，住房逐渐朝私有化发展。1994年，国务院授权工作单位和城市政府允许家庭低价购买现住房（Walder and He，2014）。1998年国发23号文件《国务院关于进一步深化城镇住房制度改革加快住房建设的通知》促进了城市住房的大幅度私有化，城市普通工薪阶层从单位低价购得现有的公共住房（Guriev and Rachinsky，2008；Yemtsov，2008）。在住房私有化的过程中，单位类型和在单位中的职位高低与获得的住房面积、住房质量和地理位置等密切相关（Logan et al.，1999；Walder，1992；Zhou and Suhomlinova，2001；Walder and He，2014），体现了“在职优势”（incumbency advantage）。2003年国发18号文件《国务院关于促进房地产市场持续健康发展的通知》发布，住房市场进一步规范，公共福利房私有化的过程也接近尾声（Walder and He，2014）。此后，市场发挥着越来越重要的作用。

在市场经济的推动下，房价不断攀升。尽管国家努力稳定住房价格，如颁布《国务院办公厅关于切实稳定住房价格的通知》，加强经济适用房建设（Li，Sato and Sicular，2013），但由于城市居民对住房的刚性需求高，房价持续上升。住房私有化和房价上升从根本上改变了中国家庭的财产结构，住房在总财产中所占比例越来越高。尽管住房是一个家庭最基本的和必备的物质资料，但高额的房价让普通工薪阶层特别是刚进入劳动力市场的年轻人“望而却步”。在财产积累行为上，一方面，住房本身就是一项最大的财产，有住房的家庭可以节省下购买住房的资金作为储蓄；另一方面，有住房的家庭可能会利用市场机会进行房地产投资、金融投资、出租住房等其他积累资产行为，进一步积累更多的财产，而没有住房的家庭租住房屋也是一笔相当大的开支，从而减少了可能的储蓄。市场作用的增强，强化了一部分占有优势的群体的经济利益（Walder and He，2014）。

另外，市场经济由起步、发展到成熟和不断完善，新兴的资本积累形式如股票、基金、债券等渐渐兴起，成为一些家庭的重要财产构成部分。私营经济繁荣发展，中国的极富人群绝大部分都是企业家，企业资产成为家庭财产的重要构成部分。这些新兴的市场经济因素影响着中国家庭的财产水平和分布。

除了市场经济外，中国改革开放近40年来，还有几大社会变化可能会影响中国家庭的财产分配。一是流动人口规模上升，越来越多的农村人口进入城市长期生活和就业。据2016年国民经济和社会发展统计公报，我国的流动人口规模已经达到2.45亿人，占全国总人口的17.7%，意味着平均不到6个人中就有一个是流动人口。流动人口可能会减小全国的财产分配差距，但对于城市内部，无疑会扩大财产差距（Meng，2007），众多研究表明流动人口与本地人口相比，在经济上（包括收入、住房等）都处于弱势地位。第二个重要的变化是高校扩招，接受高等教育的人数上升。2013年，高等教育招生人数已经超过了1000万（国家统计局，2014），而1994年仅为90万（国家统计局，1995）。Zhou（2014）用方差方程（Variance Function）分解的方法研究了三大因素对中国城市收入不平等的影响，结果发现，收入不平等的上升有一半来自教育回报率的提高，另外一半来自高等教育扩招和国企改制带来的人口就业结构变化，不过乡城流动人口增多对收入不平等上升几乎没有影响。这些人口和社会变化毫无疑问会影响到财产水平和分布，至于如何影响，目前尚缺少相关的实证研究，还有待于未来挖掘和探索。

1.3.2 中国家庭财产积累的特殊性

在多重因素的作用下，从20世纪90年代初至今，短短二十多年的时间，中国的财产分布格局发生了深刻的变化，财产差距迅速拉大。据中国家庭收入调查项目（CHIP），20世纪90年代，中国的家庭财产分配相对平均，城乡差距拉大和区域差距扩大成为推动经济不平等上升的重要因素。已有一些研究表明，2000年以来财产差距持续扩大（李实、魏众、丁赛，2005；李培林等，2008；甘犁等，2012）。这跟许多西方国家的发展历程一样，但中国的财产分配又具有特殊性。这主要表现在以下几个方面。

一是家庭财产积累的普遍出现开始于1978年改革开放以后，真正的快速积累在90年代以后。短短几十年内，中国从一个吃“大锅饭”的极度平均主义时代迈向财产私有时代，中国的财产分配格局也发生了较大的变化，财产差距扩大。中国处在转型时期，各群体通过不同的途径积累了财产，体制内的群体通过住房资产的私有化和其他体制内福利降低消费支出从而积累了财产，这是基于体制性资源的财产积累；而另外一个群体，在市场经济浪潮的推动下，通过市场（如房地产市场、金融市场）积累资产。中国的财产积累出现了两类方式并存的“混合途径”（Hybrid Process）（Xie and Jin，2015）。

二是市场性因素和制度性因素都在财产积累中发挥作用。市场性因素和制度性因素在市场转型背景下到底如何作用于家庭经济地位一直是社会学领域讨论的焦点话题，由此衍生出来的理论（比如市场转型理论、权力持续理论、市场-权力共同转化理论）以及实证研究非常多。但讨论多集中在收入上，忽视了财产，而财产和收入背后的影响机制可能有很大的差异。住房改革后，公共福利住房的私有化成为城市中大多数普通家庭积累私有财产的主要途径（Walder and He，2014），是否在体制内工作和在单位内部的职位高低，跟能否分到房和分到什么样的房直接相关。不同单位之间的差异也比较大，单位规模和级别直接决定了职工的生活水平，包括住房的面积和质量（Bian，1994；Walder，1992）。住房资产作为家庭财产的主要构成部分，在最初积累时受到了体制因素的影响。接着，在市场经济作用下，房价上涨，有住房的人，尤其是有面积更大、质量更好、地理位置更优越的住房的人从这个过程中获益更多。所以，在中国，与西方社会不同的是，市场性因素和制度性因素共同影响财产积累。在市场经济的作用下，制度性因素跟财产积累之间的关系显得更为紧密。

三是区域差异大。首先是城乡差异，城乡的二元分割在新中国成立初期形成。不过城乡差距迅速拉大是在城市住房私有化以后发生的，伴随着市场经济的深入发展，城乡差距持续扩大。其次是区域差异，改革开放初期，“让一部分人先富起来”的政策深深地影响了之后的经济资源分配格局。东部沿海地区发展速度远远超过内地，东中西之间、特大城市与中小城市之间、各省之间等在经济发展水平上都有相当大的差距，区域差距逐渐拉开。区域差距大是中国不同于西方发达国家的明显特征，以美国为例，美国的城乡差异在对收入不平等的解释度上几乎为0，各州之间的差异也仅能解释2%左右（Xie and Zhou，2014）。区域差异大，一方面，从宏观上可能会促使全国整体差异的加深；另一方面，家庭财产的影响机制和规律可能也会因区域的不同而不同。所以，在讨论中国家庭财产水平和分布时，区域差异是一个不得不考虑的因素。

目前对中国收入差异的讨论非常多，收入有经典的人力资本模型解释（Mincer，1974），有研究者加入政治因素改进模型解释中国的收入差距（Xie and Hannum，1996），对收入差距在市场经济转型背景下的变化的研究和理论探讨也数不胜数。然而，作为不同于收入的另一个家庭经济状况指标——家庭财产却研究得比较少，尽管两个变量都能够测量家庭财政状况，但由于财产本身特殊的积累机制以及以上提到的中国背景的特殊性，使得有关收入的理论、结论不能直接照搬到财产上。中国的家庭财产水平和不平等程度分别受到哪些因素的影响？在市场经济深入发展的今天，市场性因素和制度性因素对家庭财产分别产生什么样的影响？影响财产积累的机制有哪些？财产积累过程中弱势群体是哪些人？这些都是亟待实证研究回答的问题。

1.4　代际视角的引入

代际社会流动（intergenerational social mobility）研究在社会学领域有很长的历史（Zeng and Xie，2014；Chan and Boliver，2013）。社会学家和人口学家长期关注社会流动问题——一个人的社会经济地位在多大程度上由其家庭背景决定，不平等是如何从一代传到下一代的（Rumberger，1983）。早在20世纪四五十年代，代际分层研究就开始了。第一阶段的研究局限于用简单的统计技术研究职业流动（Ganzeboom et al.，1991）。第二阶段布劳（Blau）和邓肯（Duncan）将间接效应引入社会学，形成了经典的布劳-邓肯职业地位获得模型。该模型强调父亲对子女职业的影响主要通过教育这个中介变量实现，父亲的职业影响子女的受教育程度，而子女的职业又受到自身教育的影响（Blau and Duncan，1967）。该模型提出后，在代际研究中直至今天都在被广泛使用。随着对父辈-子辈两代社会经济地位传递的深入研究，有学者提出多代传递也应该是人口学领域的一个重要话题，社会地位的代际传递通常与人口学领域的基本过程，如生育、死亡、迁移、婚姻匹配等联合在一起成为一个真正的人口学话题（Mare，2011）。

通常被当作社会经济地位指标的职业、收入的两代影响和三代甚至多代影响已经得到了深入的研究，但是由于数据获得的困难，财富的代际传递并未得到深入的挖掘。而财富的几个重要特点使得财富的代际传递研究是非常必要的。已有研究表明，财富积累是遗产继承与来自家庭转赠、收入、存款和投资策略的函数，而遗产继承是代际转移财产的最直接的路径，占了财富积累的约一半（Gale and Scholz，1994）。同时，财富可以通过影响子女健康、教育、职业等各方面发展而最终影响到下一代的财富积累，财富的直接代际传递能够为后代提供长久的优势，上一代的财富不平等会加重下一代财富不平等程度（Morgan and Scott，2007）。所以，财富对下一代发展的影响机制不同于布劳-邓肯地位获得模型提出的途径，它不仅可以通过教育等间接方式影响下一代，最重要的是，可以直接影响子女财富分配。家庭财富与一些关键的人口学变量——婚姻、生育、迁移流动等密切相关，将代际视角引入财富研究至关重要，财富变量给社会经济地位的代际传递提供了新的素材。财富是社会分层的一个重要测量变量，因为它能够捕捉代际不平等和个体或群体在一个社会分层体制中经历的更微妙的优势和劣势（Ruel and Hauser，2013）。

财富本身的特性——代际传递性使得不平等具有自我强化的作用（Campbell and Kaufmanb，2006）。一方面，财富可以通过继承传给下一代甚至下下一代，直接影响下一代的财富分配。有研究者认为，美国种族之间的财富不平等有很大一部分归因于财富的代际转移（Blau and Graham，1990；Wolff，1992）。另一方面，上文也提到，家庭财富是后代健康、教育、职业等各方面发展的经济保障，财富的直接代际传递能够为后代提供长久的优势（Khan，2012），上一代的财富不平等会加重下一代财富不平等程度（Morgan and Scott，2007）。

财富积累的生命周期理论尽管描述了人一生的财富积累轨迹，但是忽略了代与代之间的关系。研究表明，童年时代的家庭背景决定了成年后的收入水平和财富积累（Mogan and Scott，2007）。代际的财富转移是导致财富不平等的重要因素。同时，除了直接的财产转赠外，父母甚至祖父母对孩子的投资也非常重要（Mogan and Scott，2007），前者是直接影响，后者是间接影响。

在中国，引入代际视角分析家庭财产尤其重要。中国是一个传统家庭观念很强的国家，代际关系紧密，代际的财产转赠非常普遍。子女结婚时的彩礼、聘礼就是典型的例子，父母为子女买车买房的现象也屡见不鲜。父母一代既定的社会分层状况对下一代的社会流动至关重要。在城市房价居高不下、房价收入比严重偏高的今天，父母是否有能力进行财产转赠将直接影响子女的财富水平。上一代的财产分配格局得以持续和传递，影响到了年青一代的财富水平和分布。

研究财富的代际流动最理想的数据是长期追踪调查数据，但是，中国目前还缺乏这类数据。不过，在截面数据中，对父母信息的回顾性调查（如被访者14岁时父母的工作单位等）为本书初步探索父母的社会经济地位对子女财产水平的影响提供了数据基础。

1.5　研究问题

本研究主要探索目前中国家庭财产水平、分布和结构，并在此基础上初步探究家庭财产差异的影响机制，结合现有的有关对制度性因素和市场性因素研究的理论，讨论哪些理论更适用于解释中国家庭财产的积累过程和差异。同时，引入代际视角，讨论父母的社会经济地位对子女财产水平的影响，以及随着时代变迁，父母的社会经济地位对子女财产水平的影响是如何变化的。因此，主要回答以下几个问题。

（1）目前中国家庭财产水平、分布和结构是什么状况？

（2）制度性因素和市场性因素分别如何影响中国家庭财产水平？

（3）父母的社会经济地位如何影响子女的财产水平？是否存在队列差异？

（4）父母社会经济地位对子女财产的影响如何随着时代变迁而变化？

1.6　研究意义

尽管已有一些研究认识到中国的财产差距在扩大（李实、魏众、丁赛，2005；李培林等，2008；甘犁等，2012），但相关的实证研究却比较少。近几年，对财产分配的关注度上升，相关的调查也在增多，有一些研究开始估计中国的财产水平。不过，不同调查和不同估计之间得到的结果差异较大，比如，据《全球财富数据报告（2012）》，中国家庭财产总量为20.2兆美元（折合人民币约127兆元），但根据西南财经大学的调查数据估计，中国家庭财产总量高达485兆元①。本研究利用具有全国代表性的数据，结合外部数据调整顶端极富人群的财产数据，试图尽可能准确地估计中国家庭财产水平和分布。把握中国现阶段的财产水平、分布现状和变化趋势，有助于从收入外的另外一个角度理解和认识家庭经济状况及差异。

我国收入分配研究从水平到趋势、从原因到后果，数量非常庞大。但财产研究却较少，尤其缺乏机制、原因方面的实证研究（Keister，2003）。哪些人拥有更多的财产，哪些因素对财产分配更重要，财产的代际流动是什么状况，目前对于这些问题知之甚少。用实证数据开展探索性的研究，初步回答这些问题，在一定程度上填补了该领域的空白，为未来进一步研究奠定了一定的基础。

目前的代际流动研究多集中在家庭背景与子女的教育、职业和收入的关系上，而很少关注财产。本研究从代际角度研究家庭背景对子女财产的影响，特别关注家庭拥有的体制性资源的影响，探索家庭背景对子女财产水平的影响途径，并从时代变迁的角度看家庭背景影响的变化，补充了已有的代际社会流动研究内容，并试图从代际视角完善已有理论对制度性因素和市场性因素作用的阐释。

财产分配是经济领域的一个重要研究主题，是社会分层和社会流动的重要维度。深入了解财产差异现状和背后的影响机制，有助于拓展经济不平等、社会分层和社会流动研究内容，加深对社会经济资源分配的理解和认识。

以往研究不平等多基于个体角度，这主要是因为，很多社会经济地位指标都是个体层面的，比如职业、工作单位、受教育程度、收入等。有研究者提出，未来分层研究应该以家庭为单位开展实证研究（Ganzeboom，Treiman and Ultee，1991）。社会理论研究强调分层系统中家庭才是最合适的分析单元（Barber，1975）。但现有的分层研究主要还是关注个人而非家庭，因为主要关注劳动力市场过程与回报，而忽视了财产和非工资收入（Spilerman，2000）。无论从理论上还是实践上，分层体系中纳入以家庭为单位的资源而非仅仅劳动力市场所得是非常有必要的（Spilerman，2000；Beller，2009）。因此，财产作为一个重要的家庭

① 根据2012年全国1‰抽样调查数据，2012年全国家庭户数量为42954万户，结合西南财经大学估计的家庭平均净财产，可以估算全国家庭财产总量。

层面的变量，是社会分层研究中的一个更为适合的指标。本研究以家庭财产作为因变量，利用家庭中每个成员的信息构建家庭特征变量，能够更好地捕捉家庭信息，更适合开展社会分层研究。另外，代际流动研究中一般以父亲的特征代替家庭背景信息，但有研究发现母亲的特征同样重要（Beller，2009）。本书在研究家庭背景对子女的影响时，同时考虑了父亲和母亲的信息。

最后，本研究具有政策意义。深入了解财产水平、分配现状、分配机制，以及财产分配差异的社会后果，有助于政策制定者调整政策，改善财产分配不均现状。财产分配不均具有自我强化作用（Fireside el al.，2009），即可能出现“富人越富，穷人越穷”的恶性循环，因此，从缓和社会矛盾、解决社会问题的角度出发，应关注和深入研究财产分配问题。

第 2 章 研究回顾

财富研究的历史很长，早在工业革命时期，财富分配就受到关注：比如马尔萨斯在《人口原理》中论述道："人口过剩是影响财富分配的首要因素"；随后李嘉图根据人口增长和土地价格的关系提出了著名的"稀缺性原则"（Piketty，2014）。工业革命深入发展，科学技术突飞猛进，在技术革新的推动下，资产阶级积累了越来越多的财富，而广大工人阶级却过着非常悲惨的生活，贫富差距越来越大。马克思将毕生的精力都投入到研究资本主义社会发展的历史规律上，他的研究也是对不平等背后机制的一次深刻探索。然而，以上成果都只是在理论层面的探讨，而缺乏真正的统计数据支撑。库兹涅茨（Kuznets，1955）则首次运用历史序列的收入分配数据提出了著名的"库兹涅茨曲线"，总结了经济发展与收入分配的关系。随后，研究者们对统计数据越来越重视，实证研究也越来越多，税收数据成为财产研究的重要资料（Piketty，2014）。

在人们利用宏观数据开展研究的同时，微观数据调查开始兴起。比如，在美国，国家开始组织专门的收入、财产调查，如消费者财务状况调查（Survey of Consumer Finances）、收入动态面板研究（Panel Study of Income Dynamics），力求探究不平等背后的机制。在大量调查数据的推动下，有关经济不平等的微观实证研究逐渐增多。收入作为测量经济福利的关键指标成为经济不平等研究领域的主流研究对象，大量研究讨论收入分配差距的现状、变化趋势、背后宏观微观的原因以及各个层面的社会后果，但与此同时，研究者已逐渐意识到经济不平等研究中仅仅关注收入是具有局限性的（Keister and Moller，2000），对财富的忽视使得不平等研究失去了完整性和全面性。实际上，与收入相比，财富是一个更适合代表家庭经济状况的指标，无论从理论还是实证上都更能契合人们所关心的经济福祉（Keister，2000）。对于衡量经济水平和人们生活的富足程度，财富是一个更长远、安全和稳定的经济保障指标，而收入则是短期的，容易受到市场波动的影响（Keister，2000），不能很好地代表家庭经济状况的稳定性（Wolff，1990）。从不平等程度上看，财富的分布比收入更不平等（Wolff，1995；Keister and Lee，2014；Morgan and Scott，2007）。从财富本身的特性看，其直接和间接的代际传递性使得不平等具有自我强化的作用。而且，财富研究结果不同于收入，为社会流动提供了新的视角。大量研究表明，黑人的净财产明显少于白人，从财产上看，黑人中产阶级并没有出现（Oliver and Shapiro，1997）。财富变量在社会不平等和社会分层研究领域的重要性逐渐显现。

对中国而言，私人财产出现和积累的时间比较短，相关的研究也较少。本研究的目的在于利用最新的调查数据估计目前中国家庭财产水平、分布和结构，在此基础上，探究家庭财产分布背后的影响机制，最后引入代际视角，探索家庭背景对成年人家庭财产水平的影响，以及家庭背景影响的时代变迁。所以，本章文献回顾也以此为脉络，从以下几个方面展开回顾：财产存量、分布和变化趋势，财产积累的影响因素，财产与社会经济地位代际传递。本部分在对财富研究进行回顾的基础上，梳理整个研究的理论框架，探讨已有研究对本研究的理论和方法启示。

2.1　财产存量、分布和变化趋势

在过去很长一段时间里，人们虽然意识到了财富的重要性及其分配的严重不平等，但是由于数据的缺乏，相关的研究非常少。较早的财富研究出现于美国20世纪60年代，Lampman用不动产税收数据估计了1922~1956年美国的财富不平等趋势（Lampman，1962）。之后随着相关财产数据和调查的增多，对财产基本状况的研究也越来越多，可以分为以下几个方面：财产存量和结构、财产不平等现状及变动趋势、顶端精英人群的财富状况。

目前对于财富存量、分布和变化趋势的研究是一个非常热点的话题，众多研究者试图估计国家财富、家庭财富，判断财富不平等的走势。Jantti和Sierminska（2008）利用调查数据，比如澳大利亚的收入与劳动力动态调查（Income and Labour Dynamics in Australia Survey，HILDA）、美国的收入动态面板调查（PSID）

和消费者财务状况调查（SCF），分析了OECD国家的财产水平、财产结构、财产变化趋势以及不平等程度。Davies等（2010）研究了全球家庭财富水平和分布，利用家庭资产负债表和调查数据估计了39个国家的资产、负债水平和20个国家的家庭财产分布。此研究指出，全球顶端10%的精英人群拥有71%的总财富，全球财产的基尼系数高达0.802，比观察到的消费水平和收入的不平等程度更高。2015年的畅销著作《21世纪资本论》收集了美国和欧洲的历史数据，估计国家财富与国民收入的关系，归纳了财富收入比的长期趋势图（Piketty，2014）。瑞信研究院（Credit Suisse Research Institute）从2010年开始每年发布全球财富数据和报告①，统计全世界和可获得数据的一些国家的总财富量、平均成人资产，统计百万富翁人数②，分析了财富的代际流动和继承，估计2000年以来财富不平等变化趋势，预测未来五年国家的私人财富、富人数量的变化趋势等（Shorrocks，Davies and Lluberas，2011-2016）。这是一套了解全球财富状况和变化的很好的文献资料。

除了对全球的财富水平和分布进行研究外，各个国家的研究成果也层出不穷。比如，Piketty等（2004）根据地产税数据描述了法国近200年的财富不平等变化历史。Dell等（2007）根据税收机构的税务数据估计了瑞士1913~1997年顶端5%、1%人群财产在总财产中所占的比例。其他还包括英国（Atkinson and Harrison，1978；Lindert，2000）、芬兰（Soltow，1981）、瑞典（Klevmarken，2006）、挪威（Ohlsson et al.，2008）等一些发达国家都有财富不平等的历史变化趋势研究。在美国，得益于大量调查数据、追踪数据以及税收数据的可获得性，财产研究更丰富。有关财产水平、财产结构、财产不平等的研究非常多（Wolff，1990、1992、1994、1995、1998、2000、2004；Keister，2000；Keister and Moller，2000）。研究者还特别关注了财富分布顶端人群的财富状况、财富结构和模式、占总财富比例的历史变化、人口学特征、财富流动和遗产继承情况（Atkinson，2006；Keister and Lee，2014；Keister，2014）。

尽管国外对于财产的分布和不平等状况已有大量研究，但由于财产本身的特殊性——分布极其偏倚，抽样调查很难收集到极富人群数据——对财产真实现状的探索仍在继续。

① https://www.credit-suisse.com/uk/en/news-and-expertise/research/credit-suisse-research-institute/publications.html（2017年3月20日访问）。

② 以美元为单位。

改革开放以前的中国经历了一个平均主义时代，财产分配相对平等。直到20世纪80年代，市场经济的引入和发展促使一些人积累了大量私有财产，研究者开始关注财产，1988年的中国家庭收入调查项目（CHIP）首次纳入了家庭资产与负债的问题，为家庭财产研究提供了数据基础。McKinley利用1988年CHIP数据详细地研究了中国农村的财产状况，分别分析了农村土地、生产固定性资产、金融资产、房产、土地价值和家庭总资产的水平、结构和分布（McKinley，1993；McKinley，1996），同时还解释了收入与这些财产之间的关系。总的结论是，农村的财产不平等程度较低。农村的土地分布比较平等，而且占家庭净资产的比例高，达到59%。当时的农村，财产分配差距较小，甚至小于收入分配差距。Brenner（2001）利用1995年的数据进行了类似的分析，更新了农村财产分布结果。李实等（2000）使用1995年中国家庭收入调查项目数据对中国城镇住户的财产分配状况进行实证分析和国际比较后发现，与其他国家相比，中国城镇居民之间的财产分配差距并不大，但是财产分配差距超过了收入分配差距，并呈加速扩大趋势。中国城镇家庭财产分配差距产生的部分原因是计划经济遗留下的分配模式，尤其是福利分房。李实等（2005）进一步用1995年和2002年两年的中国家庭收入调查项目数据描述中国居民财产分布不均的状况，发现中国居民的财产不平等快速扩大，而其中的主要原因来源于城乡差距的急剧拉大，数据显示，城乡之间的人均财产比从1995年的1.2上升到了2002年的3.6。Li和Zhao（2008）用同样的数据进行了类似的分析，得出的结论是，房产已成为城市和农村家庭最大的财产，城乡差距的扩大是全国财产差距扩大的主要原因，而城乡差距扩大又主要源于住房制度改革，住房私有化极大地促进了城镇家庭财产的积累，全国财产不平等加深的另外一个原因是农村土地价值的下降。另外，国家统计局2001年对城镇住户进行了一次专门的财产调查并公布了财产分布的基本统计描述（国家统计局城市社会经济调查总队，2003）。

瑞信研究院在历年的《世界财富报告》中也估计了中国的国家总财产、20岁以上成年人的平均财产、财产结构和财产分布。2013年成年人人均财产是22230美元，全国总资产为22.2兆美元。近几年，西南财经大学专门组织开展了中国家庭金融调查（CFHS），结果显示，2011年中国家庭净资产均值为115.43万人民币，中位数为18.1万人民币，其中，城市家庭为237.51万人民币，中位数为37.3万人民币，农村家庭为32.2万人民币，中位数为12.23万人民币，中国家庭总资产为471万亿人民币（甘犁等，2013）。这样的结果也引起了较大的争论。总体而言，受数据限制，对中国家庭的财产研究还非常有限，关于中国家庭的财产存量、分布等一些基本状况仍然存在较大争论，还需更翔实的数据、更多的研究去探索实际现状。

2.2 影响因素

财产研究中，财产水平和分布是很重要的领域，影响财产水平和分布的机制则是另外一个很重要的研究领域。对影响机制的探索和把握是深入理解财富不平等和找到公共政策切入点的重要基础。微观的家庭和个人因素影响财富积累，年龄、种族、家庭结构、收入和教育等都是现有财富积累研究中讨论的重要变量（Keister，2000），在西方国家比如美国，对这些变量与财富之间关系的掌握有助于决策者制定税收相关的政策。

2.2.1 生命周期

生命历程从人口学角度看，就是年龄的变化。财富如何随着年龄的增长而变化是经济学领域长期讨论的问题，生命周期假设在经济学领域被广泛用来解释财富随生命历程的变化（Keister，2000）。生命周期理论是莫迪利亚尼（Modigliani）一生中重要的学术贡献，关于生命周期的研究部分重要论文收集在《莫迪利亚尼·弗朗哥论文集》（*The Collected Papers of Franco Modigliani*）一书中。Modigliani 和 Brumberg 1954年的论文《效用分析和消费函数：基于截面数据的解释》（*Utility Analysis and the Consumption Function: An Interpretation of Cross-Section Data*）为生命周期理论奠定了基础，之后的几篇论文对生命周期理论进行了验证。生命周期理论的其中一个重要观点是，储蓄不是现有收入（current income）的函数，而是长远收入（permanent income）① 的函数，因此，从长远看，储蓄率是稳定的，但短期储蓄率则会随着目前收入与平均一生收入的关系的变化而变化（Keister，2000）。那么，家庭会在个体工作期间积累财富，到了个体老年退休后则用积累的资产支持消费。家庭净资产在退休前应该是随着年龄增长而上升，属于财产积累

① 预期的一生的收入和遗产（Modigliani and Brumberg，1954）。

期，退休后则迅速下降，属于消费支出期（Ando and Modigliani，1963）。

年龄是财富研究中需要考虑的重要变量。当年龄与时代影响相互交织，其意义就更加明显。在中国，一方面，财富的积累与人的生命周期息息相关，买房买车等资产的积累与就业、结婚等人生重要事件有关；但另一方面，中国家庭的私有财产积累直接受到了国家政策和市场经济发展的影响，年龄与是否赶上“机遇”有关，比如公共福利房的私有化、2000 年以来住房市场的繁荣发展使得年龄较大的年龄组通过福利政策积累了私有财产，而青年组则未赶上积累财产的机遇，并且在财产积累上（尤其是住房购买上）受到了极大的影响。所以，生命周期理论在展示年龄重要性的同时，也提示我们，时代和队列是重要的因素，是财产研究中需要考虑的因素。

2.2.2 种族

种族差异是美国财富研究关注的重点。财富分配具有较大的种族差距，黑人和西班牙裔的家庭财富水平明显不如白人（Vespa and Painter II，2011）。20 世纪 80 年代晚期，黑人家庭净财富的中位数仅为白人家庭的 8%，同时，黑人家庭的负债明显高于白人家庭，有 60%的黑人家庭没有资产或者负债，而白人家庭的比例则为 20%（Oliver and Shapiro，1990，1997）。

有研究进一步探索造成这种差异背后的原因，提出种族之间的财富差距部分地可以被他们之间的教育、职业和经济机会所解释（Campbell and Kaufman，2006；Conley，1999；Oliver and Shapiro，1997；Shapiro，2004）。Henretta 和 Campbell（1978）利用国家劳动力参与追踪调查数据（National Longitudinal Studies of Labor Force Participation）研究净财产的获得，发现家庭总财富与家庭背景、教育、婚姻和收入正相关，因此得出结论，少数族裔因为教育机会有限所以积累的财富更少，并且这种不利的地位会代际传递。同时，非白人能够从家庭中获得的经济帮助或者遗产少，这也是导致其与白人财富差距大的一个主要原因（Avery and Rendall，2002）。

但是，也有研究在控制了收入和人口学因素后仍然发现黑人的财产显著少于白人家庭（Conley，1999）。Oliver 和 Shapiro（1997）使用 1987～1989 年收入和项目参与面板调查数据（Panel of the Survey of Income and Program Participation，SIPP）分析了种族与财富的关系，挑战了已有的关于收入的结论——收入研究表明，黑人中产阶级正在出现，而同样特征的黑人家庭在财富上却并未达到白人家庭的水平。可见，种族之间的财富不平等比其他社会经济指标（比如收入、消费）更甚（Oliver and Shapiro，1997；Keister，2000；Hao，2007）。从趋势上看，近几十年来，美国种族之间的财富差距在扩大（Wolff，1998）。种族之间财富水平差距可能与不同的财富结构有关，如黑人和白人因为收入水平、家庭背景不同，投资行为也存在差异，如股票持有状况，随着股票市场的繁荣，他们财富水平的差距也拉大了（Keister，2000）。此外，在借贷、利率方面的结构性歧视也造成了种族之间财富结构的差异（Oliver and Shapiro，1997）。

除了黑人和白人的不平等外，另外一类的种族研究则涉及移民。移民与美国本土居民之间的财富差距以及移民财富积累的决定性因素也成为新的研究话题，财富是理解移民经济融入和社会流动的重要变量（Keister，Vallejo and Borelli，2013）。有研究者认为，财富能比收入更好地反映移民的社会经济融合状况，因为在控制收入水平的情况下，移民和本土居民在消费行为和对孩子期望上的差异导致了不同的财富水平，如果只考虑收入则会遗漏融合的重要方面，而且财富是累积性的，能够捕捉到移民社会融合的连续的、累积的过程（Hao，2007）。也有研究从移民的出生地入手，看财富水平的种族差异，总体而言，出生地不是很重要，但是与加拿大出生的人相比，英国和爱尔兰出生的人明显拥有更多的住房资产（Matteo，1997）。

2.2.3 家庭因素

家庭结构

经历了第一次人口转变后，20 世纪 60 年代以来，西方一些国家，主要是欧洲的国家，生育率降到更替水平以后仍然持续下降。西方国家生育率仍然持续下降，婚姻、生育制度发生变迁，结婚、生育年龄推迟，离婚率上升，同居增多，终生不育者增多，婚外生育上升（蒋耒文，2002）。家庭结构发生了前所未有的转变，单亲家庭、再婚家庭、“丁克”家庭、中老年人“空巢”家庭屡见不鲜。家庭结构的变化也引发了研究者对家庭结构与家庭福利关系的兴趣，研究表明，家庭结构与贫穷有关，因为离婚而导致的单人户或女性户主家庭更可能陷入贫穷（Keister，2000）。

家庭的孩子数量明显影响家庭的财产水平，因为养育孩子的成本高，会影响到家庭储蓄甚至增加家庭负债。Keister（2000）利用模拟的方法预测家庭结构对家庭资产高于家庭收入可能性的影响，结果显示，与单身家庭相比，夫妻家庭的资产大于收入的可能性更高。家中有一个或两个孩子的家庭比没有孩子或者有三个孩子及以上的家庭明显拥有更多的财产（Matteo，1997）。同时，家庭结构又影响下一代的认知、非认知能力发展（Cooksey，1997）和受教育程度（Downey，1995），从而影响他们未来创造财富、积累财富的行为。

兄弟姐妹数

家庭因素还包括童年时的经历，研究表明，兄弟姐妹数会影响一个人今后的财富积累，来自大家庭的孩子与小家庭相比积累的财富更少（Keister，2003）。有兄弟姐妹会直接稀释父母的经济资源和非经济资源（比如时间），资源的稀释会影响到孩子的受教育水平，降低了下一代能够从父母处获得的直接经济帮助以及父母去世后的遗产继承的水平，教育程度和财产资源又会进一步影响到经济行为——储蓄和投资，进而最终影响到成年的财富（Keister，2003）。兄弟姐妹数的增多还会影响获得住房产权和股票产权的可能性。

婚姻

结婚有助于储蓄的积累和财产水平的提高，因为结婚是男女双方有效率的分工和结合，同时能享受“规模经济”（如住房、食物、家具等）优势，还扩大了原本的社会网络圈子，增加了财富积累的机会（Wilmoth and Koso，2002）、工资优势（Cohen，2002；Stratton，2002）和双份工资优势（Vespa and Painter II，2011）。这些因素有利于储蓄的增加和投资，夫妻经济资源的结合和共同投资进一步通过资本增值和资产收购提高夫妇二人的财富水平（Vespa and Painter II，2011）。相反，婚姻的破裂则不利于财富积累（Ozawa and Lee，2006；Schmidt and Sevak，2006；Wilmoth and Koso，2002）。

在家庭结构研究中，有一项比较细致的研究，在方法和结论上都具有较大的创新性。Vespa 和 Painter II（2011）使用国家青年追踪调查数据 1979（National Longitudinal Survey of Youth 1979）考察同居史对结婚后财富轨迹的影响，研究发现，在控制了教育、收入、生育率、同居持续时间和婚姻选择的情况下，只有一次婚前同居经历并且与同居者结婚的夫妇的财产积累速度是没有同居经历的夫妇的 2 倍。

2.2.4 教育

教育是财富积累的主要影响因素之一（Keister，2000，2007）。教育作为提高人力资本的途径，改变的是个人创造财富、积累财富的能力。受教育程度更高的人财政决策能力更强（Keister，2003），存款更多，负债更少（Oliver and Shapiro，2006）。教育始终对财富水平具有正向影响，即使考虑了其他中介影响因素，同样收入或同样职业下，受教育程度更高的人更富裕（Keister，2000），这有可能是因为受教育程度更高的人收入更高（Anderson，1999；Land，1996；Wolff，2000）；储蓄行为是投资知识和风险偏好的函数（Sierminska et al.，2010），高回报率的投资能够积累更多的财产（Ruel and Hauser，2013），而受教育水平和在学校的表现能够很好地反映投资所需要的能力（Bernheim and Garrett，2003；Ozawa and Lum，2001）；另外，受教育程度更高的人更倾向于更早地开始财富积累（Keister，2003），推迟消费、积累财富，所以拥有更多净财产（Dyan，1993）。考虑到内生性，Keister（2000）用滞后教育（Lagged Education）预测净财产，得到了同样的结论。同时，Keister（2000）发现，在家庭财富的决定性因素中，教育、收入以及是否获得遗产是三大主要影响因素，可见教育在财富积累中的重要角色。

很多研究发现，教育不仅直接影响财富水平，还通过影响其他变量而间接影响财富水平，是一个很重要的中介变量，比如家庭规模、女性的劳动参与和收入（Keister，2007）。这可以部分解释种族的财富差异，黑人的财富水平低于白人，其中一个重要原因就是黑人的受教育水平远远低于白人（Henretta and Campbell，1978；Conley，1999；Shapiro，2004；Campbell and Kaufman，2006；Oliver and Shapiro，2006），也可以解释性别的财富差异（Ruel and Hauser，2013），不同宗教信仰群体之间的财富差距也有一部分可以被教育程度所解释（Keister，2007）。

在中国，教育到底如何决定家庭财富水平？用实证数据回答这个问题的研究不多，但是，教育与收入的关系已经被研究得非常广泛和深入。教育的收入回报率低（Peng，1992；Whyte and Parish，1985；Xie and Hannum，1996；Zhao and Zhou，2002），但近年来在上升（Bian and Logan，1996；Hauser and Xie，2005；Wu and Xie，2003；Zhou，2014），教育对收入的影响存在地区差异（Xie and Hannum，1996），高等教育扩招促使收入不平等上升（Xie and Hannum，1996；Zhou，2014）。Jansen 和 Wu（2012）用数据表明，教育的回报率在稳步上升，1978 年，受教育年限每增加一年收入会提高 2%，1985 年为 3.5%，1990 年为 4.5%，1995 年为 5.5%，2000 年为 6.6%，2005 年达到 7.7%。那么，教育如何影响财富？与收入相比，教育对财富水平的影响有何不同？相关的实证研究还较少。

2.2.5　性别

性别与财产水平有关，女性在财产水平上明显低于男性（Schmidt and Sevak，2006；Yamokoski and Keister，2006；Denton and Boos，2007；Ozawa and Lee，2006；Warren et al.，2001；Yamokoski and Keister，2006），这可能是劳动力市场的性别参与不平等和工资不平等导致的（O'Neill，2003；Warren et al.，2001）。已有关于性别角度的财产研究多从户主角度入手，通常是默认为有成年男性的家庭男性则为户主，甚至包括同居家庭，而没有成年男性的家庭比如离婚女性、未婚女性、终身不婚女性家庭则女性为户主（Ruel and Hauser，2013）。结论是，女性户主家庭的财产要明显低于男性户主家庭（Ruel and Hauser，2013；Grinstein-Weiss et al.，2008；Schmidt and Sevak，2006）。

尽管研究发现，单亲男性户主家庭或者同居家庭的财富水平与传统的夫妻家庭财富水平差异很小（Ozawa and Lee，2006；Yamokoski and Keister，2006），但有研究发现，单亲父亲带孩子和单亲母亲带孩子的家庭其财富水平不仅低于夫妻带孩子的家庭（Grinstein-Weiss et al.，2008），也低于没有孩子的成年人家庭（Yamokoski and Keister，2006），而单亲母亲的财富劣势最甚，多项研究表明单亲母亲家庭是财富水平最低的家庭类型（Grinstein-Weiss et al.，2008；Ozawa and Lee，2006；Warren et al.，2001；Yamokoski and Keister，2006）。不过，关于终身不婚的女性和终身不婚的男性的财产水平比较结论有所不同，有研究表明二者没有差异（Warren et al.，2001），但也有研究表明女性积累的财产更少（Yamokoski and Keister，2006）。

为什么女性的财产水平更低？地位获得理论的解释集中在女性劳动参与率低和工资低上（Blau and Kahn，2007；Sierminska et al.，2010），女性在一些积累财富的关键结构性要素（比如稳定的就业、职业声望或者收入）上是处于劣势地位的（Denton and Boos，2007；Hardy and Shuey，2000）。很明显，女性都在平均收入低的职业和行业工作，而男性则更可能在收入高的、核心的行业工作，劳动力市场的不平等导致了收入的不平等，进而造成了财富的不平等（Warren et al.，2001）。而且，收入差距、工作时间的稳定性和连续性问题导致女性的养老金账户财产更低（Ginn and Arbor，1996）。此外，女性也有着与男性不同的特征，比如，女性多是风险厌恶型的，因此选择的投资也是倾向于低回报率的（Sunden and Surette，1998；Hanna and Lindamood，2005；Watson and McNaughton，2007），投资策略的不同导致女性户主家庭和男性户主家庭之间出现了财富差距。尽管以上提到的教育、工资等能够部分地解释财富的性别差异，但是控制这些变量后，性别差异仍然存在，单身女性的财富存量明显低于单身男性，不过有研究表明，这种差异在年轻家庭户中消失了（Schmidt and Sevak，2006）。

虽然已有一些研究关注财富的性别差异，但财产的性别不平等研究是非常困难的。国外依据户主性别进行的性别财产差异研究尽管一定程度上反映了女性的不利地位，但更多体现的是家庭结构的差异。与收入不同，财产基本是家庭层面的，在同一个家庭里面分个人收集财产数据无论是在事实层面还是在实际操作层面都是很难的（Keister，2000；Ruel and Hauser，2013），所以要在一个家庭中分性别看财产分配是很不容易的。不过，已有关注性别平等的研究也从别的角度入手分析家庭中财产分配的性别差异，比如看住房产权、土地产权是在丈夫还是妻子名下或者联合署名，从而判断女性在家中的地位（Deere and Doss，2006）。另外一个角度则是计算每年的极富人群（比如“福布斯排行榜”）中女性所占的比例（Deere and Doss，2006）。

尽管已有研究不多，但性别仍然是研究财产不平等的一个重要视角，因为财富水平关系到经济地位和政治资源，财富分配的性别不平等可能导致权力获得的性别差异（Deere and Doss，2006）。财富的不平等也直接影响到女性的福祉，有一项针对印度的研究表明，在其他条件相同的情况下，有自己住房或土地的女性更不可能成为家暴的受害者（Fireside et al.，2009）。

2.2.6 职业

毫无疑问，职业类型直接影响家庭财富水平。最直接的，是否有工作与财富水平高低相关，有工作的人的财富大约是没有工作的人的财富的2至3倍（U. S. Census Bureau，2001）。工作稳定、全职而且社会声望高的职业人群收入更高，储蓄能力更强（Dietz et al.，2003；Wolff，2000），Matteo（1997）直接将职业按职业地位得分分为七类，发现职业地位与财产水平紧密相关，职业地位越高的人财产水平越高。以临时性职业为例，众多研究都表明，临时性员工平均收入低于正式员工，即使控制了职业种类，临时性员工的平均工资仍然低20%～

40%（Bureau of Labor Statistics，1999；Cohany，1998；Hipple，2001）；临时性员工从工作中获得的短期和长期福利（如养老计划、医疗保险、技能培训）也更少（Cassirer，2000；Kalleberg，2000；Kalleberg，Reskin and Hudson，2000；McGovern，Smeaton，and Hill，2004）。因此，临时性工作的不稳定性、收入低、福利少、人力资本发展机会少等特点降低了从事临时性工作的人储蓄和投资的机会。

职业种类除了通过收入、福利和自身发展机会影响财富积累外，还有一个重要的途径——住房。临时性职业从事者拥有住房资产的可能性明显低于有稳定职业的人，而住房资产是家庭财产的重要组成部分，是许多家庭最主要的资产，它不仅能够提供当前的使用价值，而且也能够提供长期的经济福利（McGrath and Keister，2008）。但是，买房通常需要稳定的职业和一定的储蓄资产，借贷者往往不愿意给临时工作者贷款，因为他们偿还能力低。没有住房的人不仅失去了一项主要的资产，从长远看，又失去了通过房产增值而积累财富的可能性（McGrath and Keister，2008）。

在中国，住房对积累资产的作用同样重要，但职业如何通过住房影响财富积累却跟国外情况大不相同。Walder 和 He（2014）专门研究了中国特殊背景下职业如何通过住房资产影响到城市家庭的财富积累。他们使用 1995 年和 2002 年中国家庭收入调查项目（CHIP）数据分析了住房改革下的受益者，其结论是：住房私有化改革下的主要受益者是改革前就有职业优势的人，他们分到的面积大、质量好、地理位置优越的房子在住房私有化后转变成一项最大的家庭财产。但是职业之间的差距相对较小，因为只要在有分房福利的单位工作，无论在单位内部职业地位如何，都有机会获得福利分房，而房子面积和质量的差异相对较小。不过，作者最后指出，随着房价的快速攀升，职业之间的差异可能会扩大。

2.2.7　宗教信仰

文化取向与物质福利的关系一直是社会学研究的核心问题（Keister，2008），对宗教信仰物质后果的激烈探讨长达几十年（Darnell and Sherkat，1997；Featherman，1971；Greeley，1969）。宗教信仰作为一种文化取向，首先会间接通过影响其他与财富积累有关的行为而影响财富积累，比如宗教信仰会影响教育水平（Darnell and Sherkat，1997；Lehrer，1999），影响性观念和生育率——包括性交活动开始的时间、初育年龄和家庭规模（Marcum，1981，1986；Sherkat and Ellison，1999），也影响父母的教育方式以及父母与孩子之间的关系（Bartkowski and Ellison，1995；Ellison，Bartkowsi，and Segal，1996；Ellison and Sherkat，1993）。另外，宗教信仰影响性别角色，比如带来劳动参与的性别差异（Lehrer，1995；Sherkat，2000）。因此，通过这些中介变量，宗教信仰会影响到职业、收入和其他的经济资源、储蓄能力，进而最终影响到财产水平（Leister，2008）。另外，宗教信仰也通过塑造人们的工作和经济决策而直接影响财富积累（Keister，2003；Swidler，1986；Keister，2008）。价值观是有关行动和结果的观念，宗教团体的信仰会影响到价值观（Keister，2008），包括为哪些机构工作、应该从事什么样的职业，以及储蓄、给予和其他与金钱有关的观念（Keister，2008）。宗教信仰也通过影响信仰者的社会关系和社会化过程而影响到其成年后的财富，比如很多人童年时期会从父母和他人身上学到储蓄策略（Chiteji and Stafford，2000）和有利于储蓄的工作行为，那些有宗教信仰的人在家中、教堂或学校接触不到此类信息则不利于未来的财富积累（Keister，2008）。某些宗教信仰团体也可能因为无法获得能提供商业机会信息或投资的社会关系而在财富积累上处于不利地位。

研究表明，一些宗教团体更可能经历财产的贫困（Keister，2003）。Keister（2007）研究保守新教徒（Conservative Protestants）的财产状况发现，他们多处于财富分布的底端，在财富存量上处于劣势地位。受教育程度低、早育、多育和女性劳动力参与率低部分地解释了他们财富水平低的现象，但这个宗教群体的经济观念也直接影响了其财富积累行为。

尽管并无相关的研究表明在中国宗教信仰如何影响资产积累，但文化要素与财富积累的关系却是一个值得深入探索的领域。

2.2.8 财产的代际流动——财产赠予与财产继承

广义上，财产继承应包括三种形式：一是继承父母的遗产，二是父母的财产转赠，三是文化资本的继承（Keister，2000）。财富积累是遗产、家中资产转赠、收入、存款和投资策略的函数（Ruel and Hauser，2013），遗产几乎占了财产积累的一半，而且遗产是家庭代际财富转移的最直接路径（Gale and Scholz，1994）。在所有社会中，财富积累的途径都有两条，一是通过工作，二是继承遗产（Piketty，2014）。19 世纪法国的年度遗产继承额占国民收入的 20%～25%

(Piketty, 2014)，随后的年代至今虽然比例在下降，但重要性丝毫没有减弱。在现代社会，来自父母的财产赠予对年青一代更是非常重要，对他们的生活、职业以及个人和家庭选择的影响甚至要超过对“婴儿潮”一代人的影响（Piketty, 2014)。有研究表明，父母的财产赠予在代际财产转移中所占比例甚至大于遗产比例（Gale and Scholz, 1994)。财产继承的第三种形式文化资本指的是对与上层社会有关的规则、行为、品位、互动方式以及其他偏好的理解，这类资本可以通过正式教育、非正式教育经历、社会联系以及文化符号传承。文化资本的重要性在于它是进入上层社会的“入场券”，缺乏这样的文化资本将不利于向上的社会流动（Keister, 2000)。

能直接影响家庭财富水平和整体财富分布的是前两者——遗产和赠予，它们在促进不平等和维持财产的不平等分布模式中起着重要作用（Keister, 2000)。财产的代际转移能在很大程度上解释种族差异、性别差异或者其他人口群体之间的财富差距。种族之间的财富差异在很大程度上源于种族间的财产继承差异(Oliver and Shapiro, 1997)，白人父母在一生中积累的财产更多，转移到下一代的也就更多（Keister, 2000; Avery and Rendall, 2002)，黑人能从父母处获得的及时经济支持始终较少（Mogan and Scott, 2007)，这就进一步拉大了下一代种族之间的财富差距，黑人和白人之间财产差距的扩大也会阻碍种族的社会融合(Mogan and Scott, 2007)。同样的，遗产继承的性别差异也会影响财产分布模式，有研究表明遗产继承和转赠更可能发生在男性身上，女性获得的遗产或赠予比男性少（Gundersen, 1998)。不过，目前仍然缺乏翔实的数据回答“谁继承”和“财产继承对不平等的意义”这样的问题（Keister, 2000)。

对于中国而言，关于财产继承的研究并不多，但是“啃老族”“富二代”等一些词语的流行其实就是一个财富的代际流动问题。中国已婚青年普遍存在“啃老”行为，特别是在住房上（宋健、戚晶晶，2011)。已有的实证研究并不多，关于“谁会啃老”“啃老对于财富不平等的意义”相关的问题还有待未来更多的研究去探索。

2.2.9　收入

收入与财富是两个容易混淆的经济指标，却在本质上并不相同，财富是一个时点上的存量，而收入则是一个时期的流量。收入的不断积累、储蓄、投资可以形成财富，财富反过来又可以产生收入，因此收入和财富并不是单向的因果关系。总结起来，收入和财富的关系如下。

收入水平对财产水平有正向的预测作用（Keister，2000，2005），收入的提高还能够增加财富正向流动的可能性，即收入和财产的正向流动存在正相关关系（Keister，2000）。

收入和财产虽然正相关，但是相关度却较低，美国 20 世纪 80 年代的数据表明二者相关度仅为 0.5，如果去掉财产带来的收入，收入和净财产之间的相关度下降到了 0.26（Keister and Moller，2000）。中国的家庭收入和家庭财产之间的相关度仅为 0.35（Xie and Jin，2015）。

大量研究表明，财产分布比收入分布更不平等（Fireside et al.，2009；Scholz and Levine，2003；Keister，2000）。在美国，财富所展现的种族差距比收入所展现的种族差距大得多（Oliver and Shapiro，1997；Menchik and Jianakoplos，1997）。针对中国的研究也有类似的结论，即财产差距大于收入差距（谢宇等，2013；Xie and Jin，2015）。

可见，财富与收入并不是等同的，收入研究和财富研究都对社会不平等、分层流动有着重要的意义。

2.2.10 区域

对中国而言，还有一个不可忽视的结构性因素——区域差异。区域差异不仅影响整体经济不平等水平，也影响经济不平等的变化幅度，区域不平等是中国经济不平等的主要特征（Zhou，2014）。20 世纪 90 年代以来，由于国家政策倾斜和沿海内陆经济发展速度的差异，区域之间的差距逐渐扩大（Wan，2007）。Xie 和 Hannum（1996）利用 1988 年中国家庭收入调查项目（CHIP）数据研究中国城市地区的收入不平等，发现区域变量是影响收入水平的主要因素，而且经济发展更快的城市教育和工作经验的回报率更低，不过经济发展速度与不平等程度相关度低。Hauser 和 Xie（2005）使用 1988 年和 1995 年两年的数据进一步进行对比分析发现，区域差异对收入水平的影响作用在增大。Xie 和 Zhou（2014）将中美收入影响因素进行对比分析，结果显示，中国的城乡差异和区域差异成为中国收入差异的重要决定性因素，解释了收入不平等的 10%以上，而美国的城乡差异和区域差异很小。Zhang 和 Wu（2010）用 2005 年全国 1%抽样调查数据发现县之间的差异能够解释收入总差异的 41%。目前仅有的几个专门针对财富的研究也得出了相同的结论，李实等（2005）用泰尔指数分解了城乡之间差距对全国财产差距的贡献率，1995 年城乡之间的差距仅贡献 1.1%，到 2002 年，一跃攀升到 37.2%。可见，探索财产差异的影响因素和模式时，区域差异不可忽视。原鹏飞、王磊（2013）考察城镇居民住房财产分配状况，对基尼系数贡献率进行分解，结果发现，地区间和东部地区内部差异对城镇居民住房财产分配差异贡献率最大。

此外，中国正处在一个社会变革时代，人口转变、社会和经济变革、信息技术革新等都可能对社会不平等产生影响，尤其是可量化的人口变化，如生育率持续下降、老龄化程度不断加深、流动人口快速增长，这些变化与财富水平和分布差异的关系是什么，目前尚没有答案，有待于未来研究去探索。

2.3　代际理论与社会经济地位传递

代际社会地位传递始终是一个热点研究话题，学者们不断地探索研究代际流动的决定性因素（如 Blau and Duncan，1967）、变动水平（如 Breen，2004）、国家之间的差异及其解释（如 Erikson and Goldthorpe，1992；Corak，2004）以及模型背后的理论基础（如 Becker and Tomes，1986）。早在 19 世纪，英国统计学家 Galton 就通过研究父子遗传提出了“回归”。2014 年，Clark 的《虎子崛起》（*The Son Also Rises*）一书的出版又掀起了新一波的争论，作者通过研究姓氏认为社会地位从出生就被决定了。可见，社会经济优势的代际传递是社会学领域的核心问题（Ganzeboom，Treiman and Ultee，1991）。

父辈与子辈之间的经济地位的统计关系研究始于 Blau 和 Duncan 提出的地位获得模型（Bowles and Gintis，2002）。该模型以路径图的方式反映了父亲职业对儿子职业的影响，分离了直接效应和间接效应（见图 2-1）。结果显示，子女教育是起着重要作用的中介变量。家庭背景对社会经济地位的影响主要通过教育系统实现，受教育程度也成为社会分层研究中的主要变量（Conley，2001）。

经济学领域也一直热衷于研究基因遗传和环境对子女社会经济地位的不同影响。主要的研究结论有：父亲与子女之间的收入相关性较低，“父亲的低收入或高收入都不必然传递给下一代”（Becker，1988）；同卵兄弟收入的相关性比异卵兄弟或者非双胞胎兄弟相关性强；父母和子女一些特征的相似性影响财富积累，

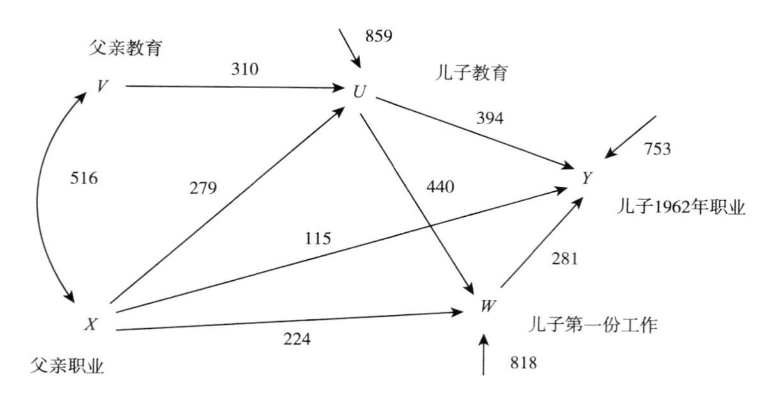

图 2-1　布劳-邓肯的地位获得模型

说明：该模型呈现的是父亲受教育程度和职业对儿子调查时职业的影响路径，包括直接影响和间接影响。

资料来源：Blau and Duncan，1967：170。

比如对未来方向的安排、个人效率感知、职业道德、学习成绩以及风险规避行为；财富更多的家庭，教育回报率和其他人力资本投资回报率可能更高；财富、教育和种族在父代与子代之间的经济地位传递中起着非常重要的作用（Bowles and Gintis，2002）。

在确定了父辈与子辈之间地位代际传递后，研究者开始探索其中的传递机制。从理论上看，父母可以直接将有形资产（如钱）和无形资产（文化资本、社交网络、时间偏好、风险偏好等）传递给下一代。同时，结构性的不平等使得代与代之间的优势和劣势得以持续（Pfeffer，2014）。Bowles 和 Gintis（2002）将代际社会地位相关性分为直接和间接的影响（见图 2-2），类似于布劳-邓肯地位获得模型。

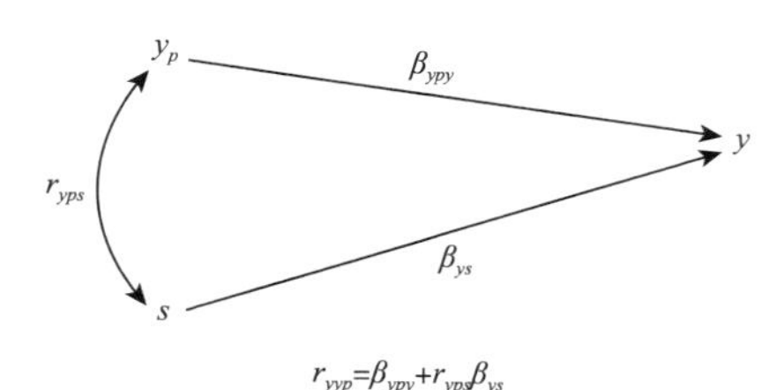

图 2-2　代际社会地位影响

对社会经济地位传递深入研究后还发现，代际传递的机制是有异质性的。极其富裕的父母，财产对代际相关性的贡献更高；财产非常有限的家庭，贡献率几乎接近于 0，即代际影响是非线性的（Pfeffer，2014）。代际地位的相关性最强的可能集中在底端最贫穷的家庭和顶端最富裕的家庭。财产在不同的分布上贡献不同正反映了财富传递机制的异质性（Bowles and Gintis，2002）。同时，代际传递也因国家、地区而异（Chetty et al.，2013；Pfeffer，2014），社会制度在代际社会地位传递中起着重要的作用，不同地区的不同社会环境比如福利体制安排、教育系统会导致不同的代际传递机制（Pfeffer，2014）。

在父代和子代两代的代际传递得到深入的研究后，沿着 Warren 和 Hauser（1997）的问题“社会经济背景有直接的三代影响吗”，目前代际关系的研究已经延伸到了三代及以上，祖父、父代、子代之间的地位传递途径成为研究者们讨论的重点。关于祖父辈对孙辈的影响，有研究认为，隔代影响的途径是一种马尔可夫（Markov）传递，即祖父母对孙辈的影响主要通过中间的父辈实现，而并没有直接的影响（比如 Erola and Moisio，2006；Warren and Hauser，1997；Cherlin and Furstebberg，1986）。然而最近的一些研究挑战了传统的马尔可夫模型观点，发现祖父辈和孙辈的职业地位是直接相关的（Chan and Boliver，2013），祖父母的教育对孙辈的教育产生直接的影响（Jæger，2012），所以祖父辈的影响是一个非马尔可夫（Non-Markov）过程。

我们将这样一种分析思路借鉴到财产研究上——父辈的社会经济地位如何影响子代的财产水平。国外研究表明，遗产继承和父母的财产转赠是家庭财产积累的重要途径，因此，父母对子女财产水平的影响除了间接地通过影响子女的教育、职业、工作单位、收入等以外，财富的直接转移也起着重要的作用。这实际上是一个非马尔可夫的过程。然而在中国，由于私人财产积累的时间较短，遗产继承现象并不普遍，遗产继承对财产的影响还较小。但作为一个家庭关系紧密的传统国家，父母对子女的财产转赠是普遍存在的。父母对子女财产水平的影响，即财产的代际影响在中国社会背景下是一个值得深入探讨的话题。

2.4　经济不平等影响机制的理论回顾

针对一般性财产积累的理论和模型，经济学领域有大量的研究，归结起来，是以生命周期理论为基础的、对影响因素的一般性探讨，涉及人一生中的储蓄、消费行为变化轨迹。这个过程中强调了人力资本的重要作用。这类理论具有通用性和普适性。

然而，中国的财富积累有着特殊的背景，使得深受体制性因素影响的这一代经历了不同于一般家庭的财富积累轨迹，所以在对其影响因素的探讨方面也需要跳出已有的模式，结合实际背景讨论。目前，很少有理论专门探讨中国家庭财富积累的影响机制，但有理论和大量的实证研究讨论市场经济转型背景下经济不平等的影响机制变化，而最常用的变量就是收入。财富作为另外一个代表社会经济地位的重要指标（Henretta and Campbell，1978；Campbell and Henretta，1980），影响着社会分层（Xie and Jin，2015）。已有的相关理论无疑为本研究探讨财富提供了理论基础和重要启示。

最后一类理论是专门针对中国私人财产积累历史提出的“混合途径”理论，阐述了中国特殊背景下不同的财富积累途径（Xie and Jin，2015）。以下将分别阐述这三类理论的具体内容，在此基础上，总结本研究的理论框架。

2.4.1 财富积累的一般理论

最经典的财富积累理论是由 Modigliani 和 Brumberg（1954）提出的生命周期理论，前文在回顾年龄与财富的关系时已经详细阐述，这里不再赘述。需要补充的是，财富积累的生命周期事实上是与家庭生命周期重合的，家庭生命周期以家庭为分析单位更符合财富的积累轨迹。家庭生命周期包括以下几个阶段：通过结婚形成家庭、家庭扩展（第一个孩子出生）、家庭稳定（最后一个孩子出生）、家庭收缩（第一个孩子离开）、空巢（最后一个孩子离开家庭）、解体（配偶死亡）（杜鹏，1990）。在整个家庭的生命周期过程中，各个阶段与都与财富积累息息相关。结婚是一个新家庭积累财富的开始；家中孩子的出生会促使父母为孩子未来教育储蓄，家庭财富水平提高；当孩子进入大学学习阶段，家庭则会有大笔的教育支出，家庭财富水平降低；接着，孩子结婚成家，给孩子直接的财富转移进一步降低了家庭自身的财富水平；最后，到了老年空巢阶段，基本上处于单纯的消费支出阶段，财富水平下降。

根据财富积累的生命周期理论，整个生命周期过程中，又是以下几个重要的因素在影响着财富水平，即收入、消费和储蓄（Hao，2007）。收入与支出之间的差距就是储蓄或者负债。

一般意义上，财富积累主要依赖于收入。而代表人力资本的因素——教育水平的提高会带来收入的增加。在对收入的影响上，教育成为劳动力市场结果的最重要分层因素（Hao，2007）。比如在美国，受过大学及以上教育的人的工资在上升，而高中毕业生的工资停滞不前，高中以下受教育程度的人的工资却在下降（Bernhardt et al.，2001）。除了这种垂直的教育差异会导致财富水平的差异外，水平的教育差异也会导致家庭起始财富水平的不同（Hao，2007），比如数学、计算机科学、工程学、医学和生命科学、健康等领域人才的缺乏使得这些专业的毕业生能够获得更高的收入（Grogger and Eide，1995）。随着技术的快速进步和革新，教育在收入分层中起着越来越重要的作用。

家庭的消费支出行为也随着家庭生命周期阶段的变化而变化，家庭支出包括基本的衣食住行支出、医疗支出、娱乐支出、社会交际支出（或人情往来支出）、教育支出等（Hao，2007）。在不同的阶段，家庭的支出项目和支出结构是不同的。支出行为不仅影响到家庭的财富积累，也会影响到下一代未来的财富积累，比如家庭在小孩教育方面的投入会影响下一代未来积累财富的能力。

还有一个因素是储蓄，人们的储蓄动机在不同生命阶段是不同的，但自始至终有一个重要的储蓄动机——预防性储蓄，预防性储蓄主要是为了防止经济不稳定带来的收入不稳定，这种不稳定可能会由失业、转业、工资下降等造成（Hao，2007）。家庭也会为孩子教育、可能的医疗需求、养老需求等储蓄。消费者财务状况调查（1983年）显示，家庭储蓄中，43%为应急储蓄，29%为家庭成员未来的消费或者购买耐用消费品，15%为养老储蓄，7%为投资（Avery and Kennickell，1989）。

2.4.2　市场转型背景下影响机制变化理论

关于政治体制、经济变革与社会分层的关系是社会学领域长期在探索和讨论的重要问题。1978年中国开始实行改革开放政策，引入市场经济，从根本上改变了原有的再分配体制，自此开始，中国的社会变化为国内外社会分层研究者提供了一个宝贵的数据资源库，众多研究者从理论到实证探究市场改革对社会权力分配和个体社会经济地位获得的影响（Nee，1989，1991，1996；Nee and Cao，2005；Bian，2002；Walder，1992；Bian and Logan，1996；Xie and Hannum，

1996；Hauser and Xie，2005；Song and Xie，2014；Walder and He，2014）。已有研究为本研究奠定了理论基础。目前，针对市场经济改革中制度和市场本身的作用，有三大理论（或者观点），最有名的是Nee提出的市场转型系列理论（Nee，1989，1991，1996），站在市场转型理论对面的则是以国家为中心（State-centered）的权力转化理论（Power Conversion），该理论认为政治权力在市场转型过程中仍然持续起着重要作用（Rona-Tas，1994；Oi，1989，1990）。随后又有学者提出政治-市场共同转化理论（Zhou，2000）。

（1）市场转型理论

市场转型理论的核心思想是，市场变革将再分配转到市场，直接从中受益的是直接的生产者而非改革前的再分配者（Nee，1989）。市场变革为生产者提供了一种激励机制，促进市场的发展，为创办企业的人提供了另外一条社会流动的途径（Nee，1989）。市场转型理论有三个基本的立论观点。①市场权力论，如果剩余价值不再被再分配部门垄断，而是通过市场交换进行分配，那么市场将变得越来越重要，而且生产者直接获益。②市场激励论，市场激励机制有利于直接生产者获得更多的剩余价值，提高个体效率，比如，代表人力资本的教育回报率提高。③市场机会论，市场改革带来了新的以市场为中心的机会结构，提供了新的社会流动的途径，比如开办私营企业。

社会主义经济下从政府再分配到市场交换的转变，改变了资源分配模式和社会分层秩序，同时也改变了社会经济地位获得的决定性因素以及资源和优势的根本来源（Nee，1989）。随着控制资源的权力由政府逐渐转向市场，控制市场的人而非传统的再分配者获益最多（Nee，1989，1991，1996；Nee and Lian，1994）。传统的代表权力的要素，如党员身份和干部身份，随着市场改革其优势会减弱，而代表人力资本和效率的要素，如教育，其重要性和优势会在市场改革中凸显出来。与干部相比，企业家、经理、专业技术人员会经历工资的更快速增长，即使再分配权力掌握者仍然具有优势，但随着市场改革的深入，其优势会逐渐下降。市场的商品化程度对收入流动和体制性资源优势的减弱具有显著的影响（Nee and Liedka，1997）。

Nee利用中国改革初期农村的数据开展了一系列的实证研究，基本验证了理论提出的一些假设，比如在沿海省份，生产者和企业家比当地的管理者获得了更大的收入优势（Nee，1996）。教育的回报率在上海、广州这样的市场化城市中优势逐渐体现出来。商品市场越发达，人力资本的回报率越高（Nee and Matthews，1995，1996）。

市场转型理论又是如何分析不平等的呢？Nee（1991）进一步拓展市场转型理论，用实证数据分析了市场改革背景下中国的变化。市场改革刺激了经济发展，而穷人从经济发展中获益更多。从农村的实证案例来看，从市场改革中最先获益的就是直接生产者——农民以及在市场经济中成长起来的企业家，贫穷家庭的收入明显上升，因此，与“倒 U 形”曲线预测的不同，改革初期，中国的内部差异程度只是略微上升。一段时间后，由于市场的引入降低了直接生产者和再分配者之间的不平等，整体收入差距实际上下降了（Nee and Matthews，1996）。不过，收入差距的下降是暂时的，当市场经济深入发展，不同地区之间经济增长率的差异和人力资本回报率的差异会使收入的异质性增强，收入差距扩大（Nee and Matthews，1996）。从长远角度来看，市场经济的发展会加深不平等程度（Hsiung and Putterman，1989；Rozelle，1994；RonaTas，1994；Bian and Logan，1996；Nee and Liedka，1995）。

（2）以国家为中心（State-centered）的权力转化理论（Power Conversion）

不同于市场转型理论，以国家为中心的权力转化理论始终强调体制在经济分配中的重要作用。以国家为中心的经济体制是从底层单位到高层的分配中心然后再回到底层的分配方式（Polanyi，1944）。这种分配方式不同于市场经济中买家和卖家的直接交换，计划经济中体制内的管理者会参与资源的分配与交换。在市场经济变革中，坚持以国家为中心的学派强调管理者精英在这个过程中权力的持续（Oi，1989；Rona-Tas，1994），管理精英们的优势并没有被削弱（Oi，1989，1990，1992），能够从经济改革中获取更多的资源（Rona-Tas，1994）。

Logan 和 Bian（1993）、Bian 和 Logan（1996）分析城市数据发现，收入的决定性因素中，改革前就具有优势的资源持续有效，党员身份和具有分配权力的工人在收入上具有明显的优势，工作单位性质的影响持续存在，随着时间的推移，这些变量甚至变得更重要了。这些变量的直接影响显示了权力的持续而并非转化，显然，再分配权力概念不应该被摒弃（Bian and Logan，1996）。

Zhou（2000）提出了界于市场转型理论和权力持续论之间的政治-市场共同转化理论（co-evolution of politics and markets）。一方面，市场因素的作用在增强，但与此同时制度优势也在持续。在中国的市场经济中，传统制度因素的作用仍然在持续。但另一方面，随着市场经济兴起和深入发展，市场经济所重视的效率因素，比如教育所起的作用也在逐渐增强。因此，这是一个混合的过程，这一时期其实是在经历着市场和制度的双重变迁（Parish and Michelson，1996；Zhou，2000）。市场体制对收入分配的影响在增大的同时，原有制度因素也在市场环境下进行了一定的调整，以保证在新环境下的利益（Bian and Zhang，2000）。

（3）财产获得的混合途径理论（Hybrid Process）

以上三类理论尽管都是在阐述市场改革与社会分层之间的关系，但都是以收入作为因变量。实际上，在财产差距越来越大和财产本身对家庭的功能越来越重要的背景下，财产对社会分层的影响可能更大，财产可能是一个更重要的社会经济获得指标。那么，在市场经济变革中，哪些人积累了更多的财产？目前的理论和实证研究都较少。谢宇、靳永爱在分析了中国目前的财产存量和分布的基础上，提出了“混合途径理论”，解释当前的中国家庭财产的积累途径（Xie and Jin，2015）。

Xie 和 Jin（2015）将中国的不平等分为三个阶段。第一阶段是改革开放以前，这个时期的不平等表现在对政府控制的资源和服务的获得上的不平等，由制度所决定的获取政府资源的能力在这一时期非常重要。第二个阶段是 1978 年改革开放以后至 1998 年的住房改革，这个时期市场经济快速发展，经济不平等先是下降随后快速上升，如何解释这个时期的经济不平等存在争论，有研究者认为此时社会经济地位的决定性因素已经转变为市场效率因素，比如教育（Nee，1989，1991，1996），而另外一些研究者则认为，政治因素的影响持续存在（Rona-Tas，1994；Bian and Logan，1996；Walder，2002）。第三个阶段是 1998 年住房改革后至今，在这一阶段，一小部分人积累了大量资产。住房的私有化使大量城市普通工薪家庭获得了一大笔私有财产，私有财产成为家庭经济地位的重要决定性因素。

在此基础上，Xie 和 Jin（2015）提出财产积累的两种机制：第一种机制是市场经济催生的私有资本积累，比如通过企业、房地产投资、股票等方式，一小部分人迅速富裕起来；第二种机制则是中产阶级的房产转化，经济改革前，城市中工人阶级的住房由国家统一安排，但随着经济改革的深入，住房制度也开始变革，城市中在体制内工作的人以极低的价格从政府或工作单位购得现有住房，转变为私有财产（Walder and He，2014）。2000 年以来，房地产价格的迅速飙升使得城市中有住房产权的人从中获得了巨大收益。这两种机制相互结合，成为目前中国家庭财产积累的“混合途径”。

2.4.3　理论总结

以上理论均深入地解析了在市场变革中的中国，个体和家庭的社会经济地位差异的影响因素是什么，市场转型背景中社会分层秩序和机制是否发生了变化，制度性因素和市场性因素的作用是如何变化的。本研究以这些理论为基础，深入分析中国家庭财产的影响机制和积累模式。

以上提到的三类理论可概括为图 2-3。第一类理论贯穿全文，虽然不能基于市场转型理论分析某一年的财产数据，但对财产影响因素的讨论——市场性因素和制度性因素分别起多大作用是受市场转型理论的启发。第二类理论是财富积累的一般性理论，是选取变量的依据，同时以此为依据解释制度性因素是如何作用于家庭财产水平的。第三类理论更为具象，专门解释中国家庭财富积累的途径，以此理论为依据，用实证数据考察家庭财富积累的途径，是使用分位数回归分析方法的依据。

此外，整个研究中另外一块比较重要的理论部门是代际社会地位传递理论，在第 2 章第 3 节进行了专门的论述和总结，该理论应归为本研究的第四类理论（未在图 2-3 显示）。

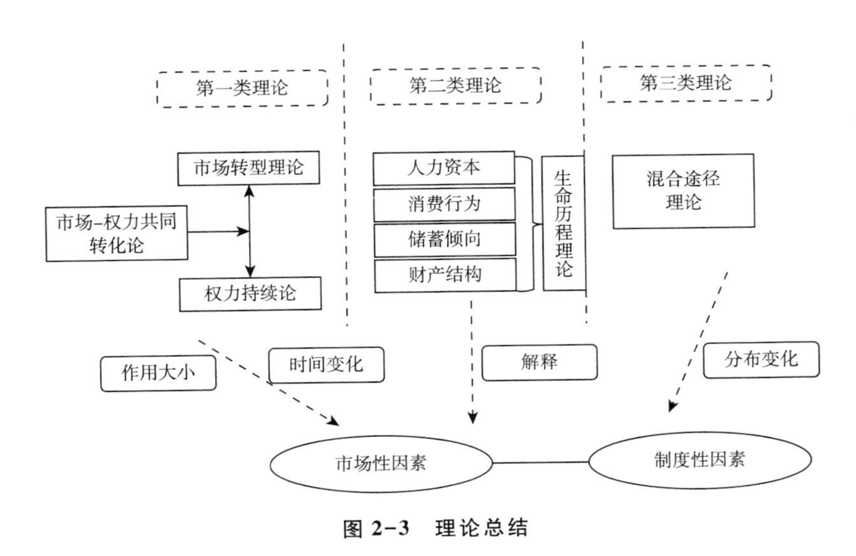

图 2-3　理论总结

2.5 文献总结与启示

针对以上的文献回顾，主要有以下几点启示。

第一，目前尚缺乏对中国家庭财产水平和分布的准确把握，需要利用最新的数据进行估计，以更好地把握中国家庭财产现状。

第二，对中国家庭财产水平影响因素的研究十分缺乏，仅有的一些家庭财产研究局限在描述现状，而深入背后的机制探索非常少，亟待新的实证研究深入挖掘。

第三，代际社会流动是社会学、人口学领域重要的研究话题，代际视角引入到财产研究中尤其重要。

第四，尽管市场转型理论对中国的分层研究影响力非常大，但财产不同于收入，尤其是住房私有化改革，政策因素直接影响了家庭财产获得，因此本研究认为，制度性因素在家庭财产积累过程中的作用不仅没有减弱，反而有可能加强，至少会远远大于教育的作用。不过，市场经济催生了极少数极富人群，市场的作用也不可忽视。结果到底如何，还有待实证研究验证。

2.6 分析框架

根据对实证结果和理论的文献回顾，总结了本研究的分析框架（见图 2-4）。

与以往研究不同，全书围绕家庭分析财产，构建的自变量和因变量都是家庭层次的，综合考虑了家庭中各个成员的信息。对中国家庭财产分配差距估计是基础，有助于初步了解和把握中国的家庭财产分布状况。对影响机制的分析则是全书的核心。本书从两个角度讨论家庭财产的影响因素，一是代内，二是代际。

在代内分析中，使用 2010 年 CFPS 的时点数据，以制度性因素和市场性因素为中心，讨论其影响大小和模式变化。一般性的财产积累理论是本研究选取自变量的依据，同时也是解释中国家庭体制性资本优势的理论基础。市场转型理论[①]为本

① 这里指的是广义上的市场转型理论，包含所有讨论市场转型中制度性因素和市场性因素作用大小的理论，而非狭义上所指的 Nee 提出的理论。

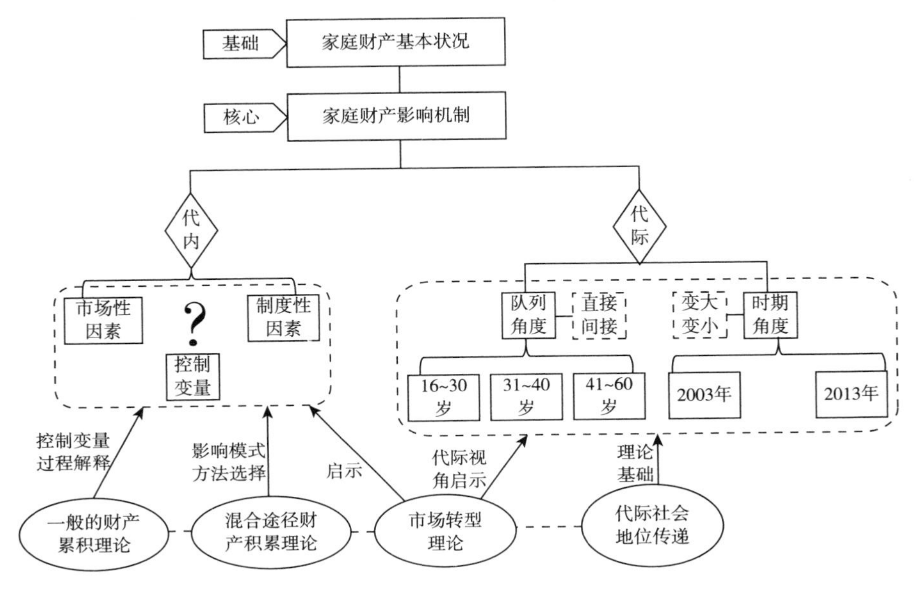

图 2-4　分析框架和理论脉络

研究讨论制度性因素和市场性因素作用大小提供了理论背景和重要启示。基于混合途径理论，使用分位数回归方法，探索制度性因素和市场性因素随财产水平变化而呈现出的差异。

在代际分析部分，又分为两个角度——队列角度和时期角度。从队列角度，是讨论“直接与间接”的问题，主要是分析父母社会经济地位对子女财产水平的影响途径，探讨父母对子女财财产的直接影响和间接影响。该部分依据的理论是代际社会地位传递理论。从时期角度，是讨论作用“变大与变小”的问题，用不同时点的数据对比父母社会经济地位对子女财产的影响随时间发生的变化，是一个动态的视角。

第3章 中国家庭财产水平、分布和结构*

长期以来，财富对于大多数人而言都是奢侈品，普通大众关注的是基本的生计和生存（Clark，2008）。在中国，改革开放以前实行计划经济体制，全社会以"平均主义"为准则进行生产和分配（Xie，Lai and Wu，2009）。随着市场经济的引入，市场开始重视效率，个体经营、私营、外企的兴起和繁荣，使得一小部分人迅速积累了大量财产，财产水平和差异渐渐进入人们视野，成为公众讨论的话题。然而财产数据收集的困难和相应的专门调查的缺乏，使财产研究陷入了两难境地。在中国，关于经济地位差异的讨论绝大多数集中在收入差距，关于收入水平、收入分布的研究层出不穷，非常深入。而相反，目前关于家庭财产的研究却不多。

对中国财产的量化研究出现于20世纪90年代初，McKinley（1993）利用中国家庭收入调查项目（CHIP）数据研究1988年中国农村的财产分布，发现当时中国农村的财产分布比较平等。2000年以来，财产研究增多，基本结论是财产差距在持续扩大（李实等，2005；李培林等，2008）。尽管越来越多的研究开始关注中国的财产分配，但受数据限制，财产研究存在重重困难。与收入研究相比，财产研究仍相当缺乏。已有研究对目前中国家庭财产水平、结构和分配格局的认识非常有限。

由北京大学中国社会科学调查中心组织的中国家庭追踪调查（CFPS）是一项具有全国代表性的调查，详细采集了家庭各项财产的信息，为把握目前中国的家庭财产状况提供了很好的数据基础（Xie and Hu，2014）。本章主要利用2012

* 本章的部分内容已收录在谢宇、靳永爱《家庭财产》，载谢宇、张晓波、李建新、于学军、任强《中国民生发展报告2014》，北京大学出版社，2014；Xie，Y.，and Jin，Y. Household Wealth in China. *Chinese Sociological Review*，2015，47（3），203-229。

年 CFPS 数据来研究中国家庭的财产水平、分布、结构，以及通过与国外对比总结中国的特殊性。

3.1　概念界定

3.1.1　财产概念界定

在进行数据分析之前，首先需要对财产概念有一个清晰的界定，以便对概念进行操作化。财产容易与收入混淆，甚至一些研究以收入代表家庭财产，但实际上，财产与收入是两个截然不同的经济指标。财产是某一时点的存量，而收入则是某一时期的流量。如果把收入比作一条河的流水，那么财产则是一个蓄水池的蓄水（Fireside et al.，2009）。财产与收入不仅有着不同的经济功能，也有着不同的特征，后文会专门分析财产与收入的关系。

在英文中，wealth、asset 和 capital 一般交替使用表示一个国家、地区、公司或个体等的财产或财富，其可以用来在市场上交易、转让，私人拥有的称为私人财产，政府部门拥有的则称为公共财产（Piketty，2014）。简而言之，财产或财富就是在假设可以进行市场交易的前提下，在一个时点上任何个体或政府拥有的东西的市场价值（Piketty，2014）。存款、股票、基金、债券等毋庸置疑是典型的金融资产，生产用的工厂、机械等则属生产性固定资产，房产（不包括现住房）多为投资性质的，也属于重要的财产。

那么，争议最大的就是现住房和土地。有研究者认为，在计算家庭总财产时，住房资产并不能算入其中，因为它不同于工厂、办公楼、机器等这些生产性的资产，住房资产是“非生产性的”（unproductive）。但实际上，住房资产具有“居住服务功能”（Piketty，2014），如果用来在市场上出租或者交易，它的价值又是可以测量的。另外，单从财产积累角度，住房作为绝大多数家庭最大的一项资产，是许多人从父母家庭中独立出来组建新家庭的第一项资产积累，是衡量社会经济地位的指标（Henretta，1984），也会影响到后续一系列的财产积累行为，还可以直接转赠给下一代。是否有住房还会影响到下一代的教育获得、职业地位以及财产积累行为（Haurin，Parcel and Haurin，2002；Green and White，1997；Henretta，1984）。因此，本研究认为，住房资产是家庭财产的重要组成部分，在计算家庭财产时应将家庭对现住房市场价值的估计值纳入其中。

另一个存在争议的问题是土地。有研究者认为，在中国，农村家庭财产不应包含土地，因为土地的所有权属于国家或集体，农民只有使用权，土地也并不能在市场上随意转让、买卖，从这个意义上，土地并不能算作农民拥有的财产（陈宗胜，2000）。但是李实（2000）却认为，土地的收益权和剩余索取权是最重要的，农民享受土地的这两项权力，至少拥有部分产权；而且，不把土地看作农户财产的一部分，就难以对中国农村中的财产分配和收入分配关系做出很好的阐释。本研究也认为，土地是农村家庭的一项重要经济资源，如果计算农村家庭财产时忽视了土地则无法准确地描述农村家庭的财产分布，因此，将土地纳入了总财产的计算中。土地资产的估算方法是用 McKinley 和 Griffin（1993）提出的办法，假定家庭农业总收入的 25%来源于土地，而土地的收益率为 8%，从而估算出土地价值。

通常的划分方法，将家庭财产分为以下几类：现住房资产和其他房产、金融资产（如存款、股票、基金、债券等）、生产性固定资产（包括农业机械、公司资产等）、耐用消费品价值和土地。家庭净财产中还应扣除家庭负债，城市家庭的主要负债来源于住房，农村家庭则来源于一些开支项目，如教育、医疗等。在本研究中，如无特别说明，总财产/财富均指的是扣除了负债后的净财产。财富和财产会交替使用，书中不做区分。总财产=土地资产+房产+金融资产+生产性固定资产+耐用消费品-住房负债-其他负债。

3.1.2 家庭概念界定

要研究家庭财富，对“家庭”概念的界定就非常重要。CFPS 调查中对家的界定口径是“同灶吃饭”，即有密切的经济上的联系。以此界定，家庭成员则指样本家户中经济上联系在一起的人，包括三类人：与该家庭有血缘/婚姻/领养关系的直系亲属；与该家庭有血缘/婚姻/领养关系且居住满 3 个月的非直系亲属；与该家庭没有血缘/婚姻/领养关系但居住满 6 个月的其他成员（谢宇、邱泽奇、吕萍，2012）。该数据既能区分没有经济联系的直系亲属，也能识别有经济联系的家庭成员。以此口径的界定最大限度地收集了家庭成员的信息。以经济上联系在一起为标准界定家庭成员很好地契合了本研究目的和主题，家庭财富是一个经济意义上的变量，分析其影响因素时，构建家庭层次的变量使用家庭成员信息，二者在概念上是匹配的。

3.2　数据

3.2.1　数据说明

本研究第 3 至 6 章均使用中国家庭追踪调查数据（CFPS）。CFPS 是一项具有全国代表性的、长期的追踪调查。2010 年是基线调查，采用多阶段概率抽样，从全国 25 个省份（不含新疆、西藏、内蒙古、宁夏、海南以及香港、澳门和台湾地区）中抽取了 14798 户进行调查，这 25 个省份覆盖除香港、澳门、台湾外的总人口的 94.5%（谢宇、邱泽奇、吕萍，2012）。调查对象是家庭户中所有的居住者，同时还收集了调查时不在本户居住但是跟本户有经济联系的直系亲属的信息，最大程度地采集了家庭成员信息，为研究家庭经济状况背后的影响机制提供了很好的数据基础。同时，为了反映区域差异，满足区域差异研究的需要，在五个省份——辽宁、河北、上海、广东和甘肃进行了过度抽样，这五个省份的数据对各省份都具有代表性（Xie and Hu，2014）。2012 年的追踪调查中，有 85% 的住户和人群被成功追访到。

从 2010 年基线调查开始，CFPS 详细采集了家庭各项财产的信息。尽管财产数据收集在实际操作中比较困难，但 CFPS 在实际调查过程中采用了一些尽量避免缺失值的补救办法。一是汇总法。列出大项目下的各个子项目让被访者分别回忆估计（胡婧炜、谢宇、孙妍，2014）。问卷中尽量列出了家庭中可能拥有的财产，并让回答者进行市场价值估计，比如在询问耐用消费品时，不是直接问对耐用消费品的价值估计，而是具体列出了各项耐用消费品的名称（如汽车、电脑、摄像机、钢琴等）分别估计，最大程度地避免了遗漏。二是区间法。当遇到“不知道”或“拒绝回答”时，以存款为例，提问是否高于 5 万，如果“是”，继续提问是否高于 10 万、25 万、50 万，如果不高于 5 万，则询问是否低于 2.5 万、1 万。区间估计法纠正了 50%以上的缺失值（胡婧炜、谢宇、孙妍，2014）。虽然抽样调查难以捕捉到极富人群的信息，但对于研究大众的财产特征、总结财产分布的一般规律还是非常有意义的。

CFPS 是一项具有全国代表性的追踪调查，它的优势还在于可以反映出家庭财产的变动趋势，以及家庭层面的财产流动，是研究财产的理想数据。

本章主要利用2012年CFPS数据来研究中国家庭目前的财产水平、分布和结构，同时结合2010年数据，观察两年间的财产增长状况以及家庭层面的财产流动。

3.2.2 缺失值处理

缺失值是所有社会调查中不可避免的问题，财产数据调查更是如此。本研究充分利用其他信息，对缺失值进行了填补。对于房产缺失值，主要使用同一社区同一类型住房的平均每平方米价值和填报的住房面积估计，对于其他财产项目的缺失，如金融资产、耐用消费品，则用同一社区收入最相近的家庭填报的值替代。关于缺失值的详细处理方法见靳永爱、谢宇（2014）。

3.2.3 数据调整

在第3章的描述性分析中，估计全国家庭财产水平和财产分布时，使用了外部数据《2012雅居乐海南清水湾胡润百富榜》进行调整，具体调整方法下文会详细解释。在单独使用2012年数据分析财产状况时，使用了数据公布的家庭层面的权数。考虑到追踪调查权数的复杂性，在同时使用2010年和2012年数据进行比较分析时，不使用权数，而使用调整了过度抽样省份后具有全国代表性的数据。

财富研究面临的一个共同问题是极富人群的代表性。除非过度抽样，抽样调查很难获得顶端极富人群的财产数据（Keister，2014）。自古以来，财富的分布都是极其偏倚的，很少的一部分人可以拥有绝大部分的财富（Piketty，2014）。而对于一般的物质资源（比如教育、收入、食物、住房），分布更加平均，社会中的绝大多数人都会拥有，即使存在差异，这些差异也比财产小得多。理论上讲，一个社会的财产可能被一个人或者一个家庭全部占有，而收入和消费则不可能如此。正是因为有这样的偏倚分布，财产研究很难单纯依靠随机抽样调查来实现，因为抽样调查很难捕捉到极富家庭或个体。抽样调查是为了提高效率，在一个大的总体中抽出一个能够代表总体的小规模样本，比如CFPS用近15000户的家庭样本来代表全国家庭的总体。尽管随机抽样得到的样本能够反映总体的综合统计指标或特征，如平均家庭规模、年龄结构、教育，以及多变量之间的关系如教育与收入的关系、收入与幸福感的关系等，但是，所有的随机抽样都很难捕捉到总体中小概率的事件和个体。如果把极富看作小概率事件，随机抽样的方法对研究极富人群则是无能为力的。

遗漏极富人群却会给财产存量和分布的研究结果造成较大的偏差。假设最富裕的一个家庭拥有全国财产的 5%，抽样调查中几乎不可能抽到这个家庭，那么根据抽样结果的估计就会将全国总财产低估 5%，如果碰巧抽到了这个家庭，则全国总财产又会被高估。为了尽可能地探究我国财产的真实水平和分布，本研究在计算家庭财产存量和分析财产分布时使用外部数据《2012 雅居乐海南清水湾胡润百富榜》① 对顶端极富人群进行了调整。有研究在总结了很多国家的收入分布后指出，最富裕人口的收入分配接近帕累托分布（Pareto distribution）（Lydall，1968；Cowell，1995）。一些研究已经开始应用帕累托分布调整顶端收入（李实等，2013；王海港、周开国，2006），近几年由瑞信研究院（Credit Suisse Research Institute）每年发布的《全球财富数据报告》（*Global Wealth Databook*）也使用了《福布斯排行榜》数据和帕累托分布进行顶端财富值的拟合和预测。这里同样使用帕累托函数拟合、估计顶端 0.1%家庭的财产。帕累托分布的基本思想是在收入分配中，大于等于某一收入水平的人数随该收入水平的上升而减少（王海港、周开国，2006），并且这种关系可以用函数形式表示为 $N(x) = k^{*} x^{-\alpha}$，$N(x)$ 表示收入大于或等于 x 的人数，k 和 α 是大于零的参数。

根据这个函数，将 CFPS 抽样数据进行调整。第一步，利用《2012 雅居乐海南清水湾胡润百富榜》数据拟合帕累托函数，估计出 k 和 α 两个参数。接着，根据该函数估计顶端家庭的财产，对最顶端的家庭财产则使用排行榜的实际值，二者结合得到顶端 0.1%家庭的财产数据。其中，全国家庭规模来源于 2012 年全国 1‰抽样调查数据（国家统计局，2013）。第二步，对于其余 99.9%的家庭，使用 CFPS 实际调查数据，根据抽样权数将调查样本扩充为总体 99.9%的家庭。最后，将经过权数调整后的调查数据与帕累托函数拟合的数据以及“胡润百富榜”中最顶端家庭的实际财产数据合并，形成全国家庭的总体数据。

在分析财产结构、城乡差异、区域差异时，由于没有顶端极富人群的具体信

① 数据来源：《2012 雅居乐海南清水湾胡润百富榜》（http://www.hurun.net/CN/HuList.aspx?nid=14，2014 年 12 月 1 日访问）。

息，所以顶端的数据不再调整，完全使用调查数据，并且使用全国家庭的权数。但在对比 2010~2012 年财产数据时，考虑到追踪调查数据的权数的复杂性，暂不使用权数，而是使用 2010 年和 2012 年两年全国层面具有代表性的数据对比分析。

3.3 家庭财产水平和分布

表 3-1 展现了全国家庭在各分位数上的财产存量。该表同时保留了仅使用 CFPS 调查数据直接计算的未调整结果和使用外部数据调整后的结果。在使用外部数据调整后，得到 2012 年全国家庭净财产均值为 42.2 万元，中位值为 15.8 万元。在各个分位数的分布上，2012 年全国有 25%的家庭其财产小于 6.3 万元，75%的家庭小于 33.1 万元，顶端 10%的家庭其财产高于 69.2 万元，顶端 5%的家庭高于 112.8 万元。可见，使用外部数据调整只影响了全国家庭净财产均值，对分位数上的分布影响非常小。

表 3-1　2012 年全国家庭净财产

单位：万元

	平均值	25%	50%（中位值）	75%	90%	95%
未调整	32.2	6.3	15.8	33.0	68.7	111.5
调整后	42.2	6.3	15.8	33.1	69.2	112.8

目前也有一些其他研究估计中国的家庭财产。由西南财经大学组织开展的中国家庭金融调查（CFHS）数据显示，2011 年中国家庭净财产平均为 1129838 元，城镇家庭平均为 2365765 元，农村家庭平均为 310400 元（Gan et al.，2014）。这与本研究结果计算差距较大。

而瑞信研究院（Credit Suisse Research Institute）在《全球财富数据报告 2012》（*Global Wealth Databook 2012*）中公布的结果显示，2012 年中国 20 岁及以上人口的人均财产为 20452 美元，总财产存量为 20.2 兆（美元）（Shorrocks et al.，2012）。根据本研究计算的全国家庭财产平均值以及国家统计局公布的 2012

年全国家庭户数量和全国 20 岁及以上人口的数量[①]，估计 2012 年我国 20 岁及以上人口的平均财产是 17.4 万（元），全国总财产存量为 181.3 兆（元）。若按照 CFHS 估计的家庭净财产，全国家庭财产存量则为 485 兆（元）。相对而言，本研究估计结果跟瑞信研究院更为接近。

另外，Piketty（2014）研究了欧洲和美国 1870 年以来的历史后发现，从长远趋势来看，国家财富和国民收入二者的比例（即财富收入比）一般维持在 4~7，即国家财富大约是之前 4 至 7 年的国民收入累积。在 19 世纪和 20 世纪早期，欧洲的财富收入比略高，在 6 至 7 之间，美国则在 4 至 5 之间；目前，欧洲在 6 左右，而美国略高于 4（见图 3-1）。

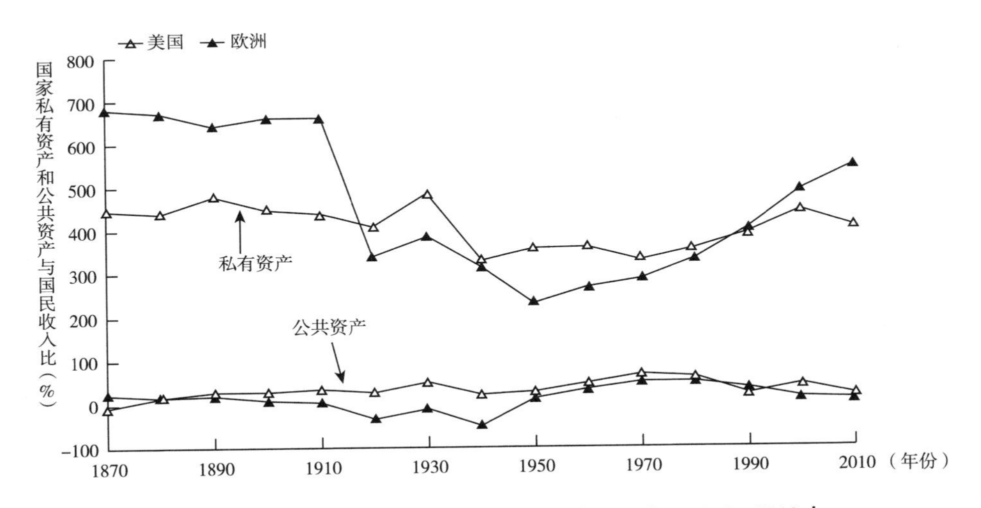

图 3-1　美国和欧洲的国家财产与国民收入之比：1870~2010 年

资料来源：Figure 5.1 in *Captital in the Twenty-First Century*（Piketty，2014）（http://piketty.pse.ens.fr/files/capital21c/en/Piketty2014FiguresTablesLinks.pdf）.

根据 CFPS 数据，2012 年全国家庭纯收入的平均值为人民币 45665 元（谢宇等，2013），平均净财产为人民币 422000 元，财产收入比为 9.2。需要注意的是，这里计算的是私有财产，并不包含诸如学校、医院、国企等一些公共资产，而公共资产在中国的比例相当高。比如，单看企业资产，有研究估算，

① 根据 2012 年全国 1‰抽样调查数据，2012 年全国家庭户数量为 42954 万户，2012 年全国 20 岁及以上的成年人规模是 10.42 亿人。

2008 年我国国有企业及国有控股企业的资产比重高达 50.1%，而相应的私营企业和外资企业的资产比重只占 20%和 30%左右（刘越，2013）。此外，在计算时并没有包括香港、澳门居民以及海外华人的财产。所以，中国财产收入比 9.2 是一个较高的值。

我国财产分配差距较大。将家庭财产按从低到高排序，排名在 25%以下的家庭的财产总量仅占全国财产总量的 1.2%，排名在 50%以下的家庭的财产总量仅占全国财产总量的 7.5%。然而，排名在顶端 25%的家庭拥有全国 78.8%的财产，排名在顶端 10%的家庭拥有全国 62.1%的财产，排名在顶端 5%的家庭拥有全国一半以上的财产，排名在顶端 1%的精英阶层拥有全国三分之一以上的财产。

90/10 比率体现的是财产两端的差距。2012 年全国财产的 90/10 比率高达 32.94，说明排名在 90%分位数上的家庭财产是排名在 10%分位数上的家庭财产的约 33 倍，而同期收入的 90/10 比率是 13.1（谢宇等，2013）。可见，财产分配比收入分配更为偏倚，财产差距大于收入差距。

中国的家庭财产分布模式实际上反映了中国过去几十年的历史。一方面，在改革开放的推动下，市场经济迅速发展，私营企业、股份制企业大量出现，极少数人在很短的时间里积累了大量财富，财产差距扩大。另一方面，对于普通家庭而言，住房改革后，房产成为普通家庭最大、最主要的财产，而绝大多数城市居民的住房来源于公有住房制度下的福利分房。住房的私有化成为中国家庭财富快速增长的主要因素（Walder and He，2014），很多普通工薪家庭从福利分房中获益，福利分房在一定程度上降低了中产阶层的财产差距。所以，在中国，除了顶端极富人群外，普通的工薪阶层财产分配相对平等。

3.4 家庭财产结构

财产是一个极其复杂的变量，要更深入地了解财产，还需要关注财产的来源与组成。在分析全国整体财产水平与分布时，可以使用外部数据进行调整。但遗憾的是，并不能在微观层面上补充极富人群的信息。因此，在本部分的财产结构以及第 4 章的财产分布模式分析时，仅使用 CFPS 调查数据，而没有进行任何数据调整。

首先，在我国家庭财产的构成中，房产占绝对主导地位。房产在全国家庭平均财产中占了 73.9%（见图 3-2）。与其他国家相比，我国房产在家庭财产中所占的比例严重偏高。其次，我国房产占家庭财产的比例在不断上升，1995 年我国房产占家庭财产的比例仅为 35.4%，2002 年为 57.9%（Li and Zhao，2008），目前已达到 70%以上。这主要是由 20 世纪 90 年代推动的住房私有化改革和 2000 年以来房价迅速升高而且居高不下的市场环境导致的。

金融资产占家庭财产的 10%左右，与其他国家的差距也比较大。很多发达国家的金融资产占家庭财产的比例都在 30%以上（Jäntti and Sierminska，2008）。另外，生产性固定资产占家庭财产的 8.5%，耐用消费品占 5.6%。非住房负债比例略高于住房负债。但总的来说，除房产外，其他各项财产占家庭财产的比例都较小。

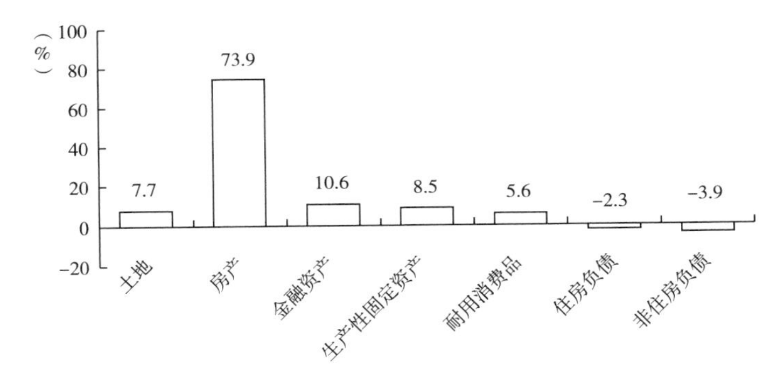

图 3-2　2012 年全国家庭财产构成

除了分析财产结构，本部分还使用 Lerman 和 Yitzhaki（1985）提出的按收入构成分解基尼系数的方法对财产基尼系数进行分解，以进一步分析各项财产对总差异的贡献率。结果显示，房产对总财产差异的贡献占主导地位。在全国层面上，房产对总财产差异的贡献率为 73%，是全国总财产差异最大的贡献因素。

可见，无论从财产结构还是分项财产对总财产差异的贡献率来看，房产都是总财产差异的主要贡献者，其他研究也得到了相同的结论（Meng，2007；Li and Zhao，2008；Sato et al.，2013；Zhao and Ding，2010）。房产比例严重偏高是结构畸形的表现，潜伏着许多结构性的问题，不利于财产的健康增长。

3.5 财产水平的历史变动趋势

中国全国性的财产数据调查并不多，所以很难根据历史数据估计家庭财产水平的变动趋势。目前 CFPS 调查有 2010 年和 2012 年两年的调查数据，可以初步分析这两年宏观层次和微观层次的变化情况。同时，《全球财富数据报告 2012》根据中国家庭收入调查项目（CHIP）数据估计 2000 年以来中国家庭财产水平变化趋势（见表 3-2）。可以看出，中国的财产增长在各年之间波动较大，但整体速度较快。单独看 2010~2012 年的增长，增长比例为 17.4%，根据 CFPS 计算出来的比例是 18.4%。二者比较接近。

表 3-2　2000~2012 年中国成年人人均家庭净财产变化

年份	人均家庭净财产（美元）	增长幅度（%）
2000	3747	—
2001	3987	6.41
2002	4908	23.10
2003	6035	22.96
2004	6534	8.27
2005	6727	2.95
2006	8803	30.86
2007	11757	33.56
2008	9793	-16.70
2009	12156	24.13
2010	13138	8.08
2011	15305	16.49
2012	15421	0.76

数据来源：《全球财富数据报告 2012》（*Global Wealth Databook 2012*）（Shorrocks et al.，2012）

表 3-3 对比了不同分位数下家庭平均净财产从 2010 年到 2012 年的变化情况。全国家庭平均净财产呈明显上升趋势。家庭财产水平越低的家庭增长幅度越高，如家庭财产在全国排序 25% 以下的家庭，其平均财产增长幅度高达 62%，而排序在 50%~75% 的家庭平均财产增长幅度为 25.0%。各个分位数上家庭财产

都出现了增长，但增长模式有所不同。总体来看，从 2010~2012 年，中国家庭净财产增加了 18.1%。

表 3-3 各个分位数区间的家庭平均净财产

分位数区间	2010 年（万元）	2012 年（万元）	增长（%）
0%~25%	1.3	2.1	61.5
25%~50%	7.8	10.2	30.8
50%~75%	17.6	22.0	25.0
75%~100%	77.2	88.8	15.0
合计	26.0	30.7	18.1

在增加的财产量中，有一半以上来自房产，房产在我国家庭财产增长过程中起着主导作用，全国增加的财产中有 51.1%来自房产（见图 3-3）。而金融资产、生产性固定资产和耐用消费品以及土地增加比例都较小。家庭财富的增长速度不能被收入的增长完全解释，其主要原因在于住房的私有化和城市房价的快速上升（Walder and He，2014）。

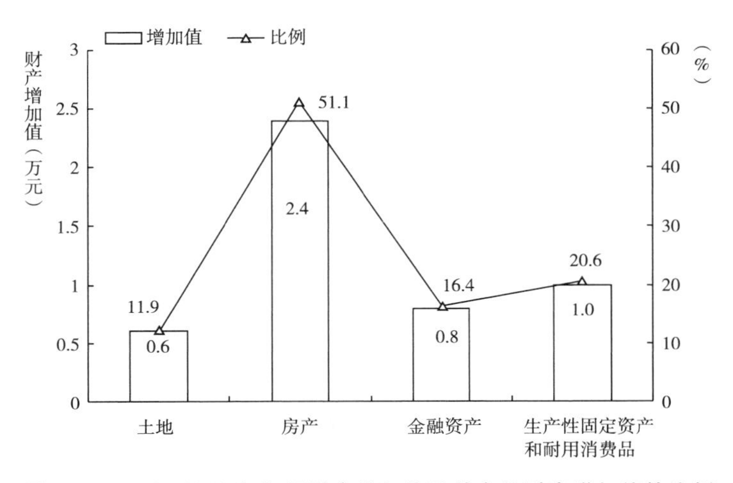

图 3-3 2010~2012 年各项财产增加值及其占总财产增加值的比例

除了分析全国财产的宏观水平和变化趋势外，本部分还考察家庭层面的微观财产流动。表 3-4 将 2010 年和 2012 年的家庭按财产从低到高排序，分为 0%~25%、25%~50%、50%~75%和 75%~100%四组，分析从 2010 年到 2012 年家庭相对财产的变化。对角线上加粗的数字表示两年间家庭财产的相对位置未发生变化，对角线以上表示向上流动，对角线以下表示向下流动。

表 3-4　2010~2012 年家庭相对财产流动

单位：%

	家庭财产分位数	2012 年家庭平均净财产分组			
		0%~25%	25%~50%	50%~75%	75%~100%
2010 年家庭平均净财产分组	0%~25%	**59.0**	24.1	11.2	5.8
	25%~50%	25.2	**42.7**	23.3	8.8
	50%~75%	10.6	25.6	**43.3**	20.6
	75%~100%	5.3	7.7	22.2	**64.8**

可以看到，2010 年家庭财产排序处于 25%以下、25%~50%、50%~75%、75%~100%四个水平上的家庭在 2012 年分别有 59.0%、42.7%、43.3%和 64.8%保留相对位置不变。底端 25%的家庭和顶端 25%的家庭在 2012 年保持相对位置不变的比例更高，反映出穷人群体和富人群体的流动性更小。

3.6　结论

第一，2012 年全国家庭净财产均值为 42.2 万元，全国私人财产总存量为 181.3 兆元。我国家庭平均财产收入比达到 9.2。

第二，中国的家庭财产差距较大。据计算，我国顶端 1%的家庭占有全国三分之一以上的财产，底端 25%的家庭拥有的财产总量仅在 1%左右。

第三，中国的财产增长在各年之间波动较大，但整体速度较快。单独看 2010~2012 年的增长，增长比例为 18.1%。家庭财产水平越低的家庭增长幅度越高。

第四，房产是我国家庭财产的主要组成部分，其在总财产中所占的比例超过了 70%。房产差异是我国财产总差异的主要贡献因素，2010~2012 年房产增长量占总财产增长的一半以上。

第4章
中国家庭财产水平差异初探

在总体介绍了中国家庭财产的水平、结构和分布后，进一步，本研究想初步探索中国家庭财产水平的差异。简而言之，本研究希望讨论：财产差异与哪些因素有关，哪些家庭拥有的财产存量更高，哪些家庭更贫穷？本章根据已有文献研究结果，选取了数据中可能与财产水平相关的变量，初步探索家庭社会经济特征与财产分配之间的关系。

4.1 城乡差异①

城乡差异几乎是所有全国性的经济差异研究都要考虑的一个因素。研究认为，结构性的因素如城乡差异是全国性收入差距大的重要原因（Xie and Zhou，2014）。以往的财产研究表明，城乡财产差距大（陈彦斌，2008），城乡差距的急剧扩大是导致全国财产差距扩大的重要原因（李实、魏众、丁赛，2005；Li and Zhao，2008）。那么，城乡财产差距到底有多大？财产结构存在什么差异？城乡间差异对总差异贡献多少？本部分利用 CFPS 数据回答这些问题。

4.1.1 水平和分布差异

需要说明的是，在比较城乡差异时，由于信息的缺乏，财产水平和分布未进行极端值的调整，这会导致分析结果尤其是城镇的平均财产水平和分布出现偏

① 本章 4.1 和 4.2 部分内容已收录在 Xie，Y.，and Jin，Y. Household Wealth in China. *Chinese Sociological Review*，2015，47（3），203-229。

差。但研究关注的是城乡差异和特征，使用没有调整的数据并不影响结论。实际上，调整后的结果更有利于加强结论，因为绝大多数财产极富人群都分布在城镇。表 4-1 显示，城镇的财产存量远远高于农村，是农村的 2 倍多。同时，城镇的财产分配差距水平也高于农村。从分位数上看，农村底端家庭财产总量占所有农村家庭财产总量的比例要高于相应的城镇家庭，比如农村财产总量排名 50%以下的家庭占全国农村家庭财产总量的比例为 13.1%，高出城镇 2.8 个百分点。而农村顶端家庭财产总量占全国农村家庭财产总量的比例要低于相应的城镇家庭，比如财产总量排名在顶端 10%的农村家庭拥有全国农村家庭 44.2%的财产，比城镇低了 4.1 个百分点。农村的 90/10 比率也远远低于城镇，农村为 18.7，而城镇高达 43.2。

表 4-1　2012 年分城乡的家庭净财产及分布

	平均净财产（万元）	0%～25%（%）	0%～50%（%）	75%～100%（%）	90%～100%（%）	95%～100%（%）	90/10 比率
城镇	44.4	1.5	10.3	71.1	48.3	34.5	43.2
农村	18.9	2.7	13.1	66.2	44.2	32.3	18.7

另外，绘制洛伦兹曲线，可以直观地看出城乡家庭财产分配模式（见图 4-1），城镇的洛伦兹曲线比农村明显偏右，说明城镇内部的家庭财产分配差距要比农村大。

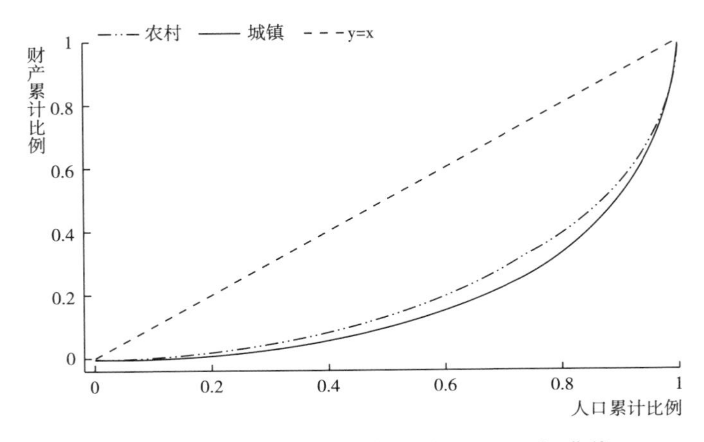

图 4-1　2012 年分城乡的洛伦兹（Lorenz）曲线

4.1.2 结构差异

城镇和农村家庭的财产结构有所不同。城镇家庭的房产占家庭总财产的比例远高于农村家庭，接近 80%，比农村家庭高了近 18 个百分点。土地是农村家庭一项非常重要的资产类型，占家庭财产比例的 20.4%。城镇家庭金融资产所占的比例略高于农村家庭，而生产性固定资产所占的比例小于农村家庭。在负债上，城镇家庭的住房负债和非住房负债比例相当，而农村家庭的债务主要体现在非住房负债上。城镇的住房负债大于农村，但农村整体负债比例要高于城镇。

表 4-2 城乡家庭财产结构

单位：%

财产结构	城镇	农村
土地	2.7	20.4
房产	78.7	60.9
金融资产	11.1	9.5
生产性固定资产	7.7	11.0
耐用消费品	5.6	5.6
住房负债	-2.5	-1.7
非住房负债	-3.2	-5.7

注：城镇之所以有土地资产，是因为城镇中也有一部分从农村进入城镇的流动人口，或者部分地区虽然在行政区划上被划归为城镇，但居民实际从事的仍是农业劳动。

4.1.3 城乡差异对全国差异的贡献

为了进一步探索城乡差异对全国总差异的贡献，使用泰尔指数（Theil coefficient）对差异行分解。由此计算得出，全国家庭财产的泰尔指数为 0.815。其中，城乡内部为 0.732，解释了总体差异的 89.8%；城乡之间为 0.083，解释了总体差异的 10.2%。Xie 和 Zhou（2014）发现收入差异有 10%归因于城乡差异。与收入一样，财产的城乡差异对财产差异的贡献率也在 10%以上。

城乡差异一方面来源于市场化和经济结构的差异，但还存在传统制度因素的影响。城市居民在住房私有化改革过程中以极低的价格从单位购买福利房，极大地提高了家庭财产水平，加上房价上升，住房增值，城镇居民从住房中获得的利益更多，而相反，农村都是自建房，住房的市场价值远远低于城市，城乡在住房资产上的差距急剧扩大（李实、魏众、丁赛，2005）。

4.1.4 城乡家庭财产的相对流动

与第3章分析全国家庭财产的相对变动一样，表4-3将2010年和2012年的家庭按财产从低到高排序，分为0%~25%、25%~50%、50%~75%和75%~100%四组，对角线上加粗的数字表示两年间家庭财产的相对位置未发生变化，对角线以上表示向上流动，对角线以下表示向下流动。

表4-3 2010~2012年分城乡的家庭相对财产流动

单位：%

	家庭财产分位数	2012年家庭平均净财产分组			
		0%~25%	25%~50%	50%~75%	75%~100%
2010年家庭平均净财产分组		城镇			
	0%~25%	**60.1**	23.8	10.4	5.7
	25%~50%	25.0	**44.8**	21.8	8.4
	50%~75%	9.0	24.9	**46.4**	19.7
	75%~100%	5.9	6.6	21.4	**66.1**
		农村			
	0%~25%	**55.4**	25.9	12.8	5.9
	25%~50%	26.3	**37.7**	24.1	12.0
	50%~75%	11.4	24.7	**38.1**	25.8
	75%~100%	6.9	11.7	25.1	**56.3**

可以看到，底端25%的家庭和顶端25%的家庭在2012年保持相对位置不变的比例更高，反映出穷人群体和富人群体的流动性更小。城镇家庭能够保持相对位置不变的比例高于农村，而且财产水平越高，城乡之间保持相对位置不变的家庭所占的比例差距越大。2010年城镇家庭财产排在底端25%的家庭有60.1%在2012年仍保持在这个水平，农村则为55.4%，二者相差4.7个百分点；而在75%~100%财产水平上，城镇为66.1%，农村为56.3%，二者相差达9.8个百分点。城镇的家庭财产排序更为稳定，富人群体流动性更小。这可能与财产结构有

关：一方面，城镇的主要财产构成——房产受到外部房价的影响较大，近几年房价的上升使富人群体的房产不断增值，农村地区房产受到市场房价的影响则非常小；另一方面，农村的第二大财产——土地资产是根据农业收入估计的，受到外部市场的影响较大，波动性更强。

正是考虑到城市和农村在财产水平、结构、分布等方面存在着较大的不同，第 5 章对家庭财产水平影响机制进行深入分析时，将城市和农村分开，分别构建模型分析。

4.2　区域差异

我国家庭财产构成的差异不仅表现在城乡差异上，也表现在区域差异上，以省、直辖市为单位的区域差异尤为明显。CFPS 在上海、辽宁、广东、河南和甘肃建立了独立的抽样框，抽取了具有省份代表性的样本，这五个省份之间的差异基本能够反映全国主要的区域差异，为家庭财产状况区域差异分析提供了数据基础。

4.2.1　财产水平差异

家庭财产水平的区域差异很大。上海的财产水平遥遥领先，其他几个省份的财产水平远远落后于上海。广东虽位居第二，但是平均家庭财产水平比上海少 100 万。家庭财产水平最低的省份是甘肃，平均净财产仅为 19 万左右。

表 4-4　2012 年分省份的财产水平差异

单位：万元

	平均值	P25	P50	P75	P90	P95
辽宁省	26.3	7.7	16.2	30.1	58.1	86.5
上海市	136.1	34.0	93.4	171.3	302.1	406.3
河南省	25.6	8.5	17.4	30.4	53.5	73.3
广东省	35.0	8.1	17.8	35.7	72.1	112.8
甘肃省	18.8	5.1	10.1	19.4	36.3	60.2

注：P25、P50、P75、P90、P95 分别表示在分位数 25%、50%、75%、90%、95%上的家庭净财产值。

4.2.2 财产结构差异

五个省份的财产结构存在较大差异。首先，土地资产在甘肃所占比例最高，达到16.1%；辽宁和河南类似，占11%左右；广东略低；上海最低，土地资产几乎为0。其次，虽然房产在各省家庭中所占比例都非常高，但也体现了较大的省际差异。上海房产的比例高达86.5%，这从侧面反映了一线城市房价高的现状；广东的房产比例位居第二位，为73.0%；甘肃最低，为68.2%。最后，在债务结构上，越不发达的地区负债比例越高，如甘肃的负债资产占家庭财产的13.1%，而上海不到2%。上海的负债主要来自住房，而甘肃主要是非住房负债。省际财产结构差异不仅体现出城市化程度和现代化程度的不同，也反映了房价因素在家庭财产中的作用——大城市房价的持续快速增长使得房产的重要性变得越来越强。

表 4-5　2012 年分省份的财产结构

单位：%

财产类别	辽宁	上海	河南	广东	甘肃
土地	11.4	0.2	11.8	7.5	16.1
房产	72.2	86.5	71.7	73.0	68.2
金融资产	12.4	9.7	10.1	7.8	11.0
生产性固定资产	4.0	1.8	8.2	10.9	11.1
耐用消费品	5.1	3.4	4.9	5.1	6.7
住房负债	-2.3	-1.3	-2.2	-1.5	-2.3
非住房负债	-2.8	-0.3	-4.4	-2.8	-10.8

4.2.3 区域差异对总差异的贡献

同样，这里使用泰尔指数分解得到省际差异和省内差异对总财产差异的贡献。结果显示，各省内部差异解释了总体差异的76.6%，各省之间的差异解释了总体差异的23.4%。在收入差异方面，中国的省际差异解释了总体差异的12%，区域差异已成为中国收入差异的重要决定性因素（Xie and Zhou，2014）。可见，区域差异在财产差异中的作用甚至高于在收入差异中的作用，省际差异是导致财产分配差异的一个重要因素。后文在分析家庭财产水平影响因素时会控制区域差异。

4.3　人口学特征与财产①

4.3.1　年龄

在模拟家庭财产水平与年龄的关系时，年龄使用家庭中 16 岁及以上成年人的平均年龄，财产则用家中 16 岁及以上成年人的平均财产的对数。在没有同一队列长期追踪数据的情况下，用一年的横截面数据分年龄财产数据模拟一个假定的人在一生中的财产积累过程，类似于人口学中的假定队列分析法。如图 4-2 所示，年龄与财产积累之间呈“倒 U 形”关系，与生命周期理论所阐述的财产随年龄变化轨迹一致，家庭净资产在退休前应该是随着年龄增长而上升，属于财产积累期；退休后则迅速下降，属于消费支出期（Ando and Modigliani，1963）。中国家庭财产积累的峰值年龄在 50 岁左右。分城乡模拟，发现农村的高峰值在 44 岁左右，而城镇在 60 岁左右。之前有研究者发现中国家庭财产积累的生命周期中出现了两个峰值（李实、魏众、B. 古斯塔夫森，2000），但本研究并没有发现类似的结果。

不过，需要说明的是，目前的人口群体各个年龄队列经历了中国不同的时代，财富积累的经历也很不一样。按年龄将 2010 年的人口大致划分为青年组、中年组和老年组，根据中国改革开放的时间和住房改革的时间，积累财产最多的应该是中年组。中年组经历了 20 世纪八九十年代的市场经济兴起和住房私有化，城市普通家庭通过住房积累了一笔财产，而一少部分人在市场经济中积累了巨额财产。所以，人一生的财产积累轨迹如何变化，还需要未来真正的追踪调查数据展现。

---

① 为了消除家庭规模对财产水平的影响——规模越大的家庭能够积累财产的人力越多，家庭总财产水平可能越高，从本节开始，使用家中 16 岁及以上成年人平均财产（而非家庭总财产）进行计算和对比。“成年人”的界定见下文“家庭结构”部分。为了与第 5 章数据统一，同时又反映出家庭的最新财产水平，这里使用 2010 年的家庭特征变量和对应的 2012 年家庭财产水平，描述分析时用全国层面具有代表性的数据，不使用权数。

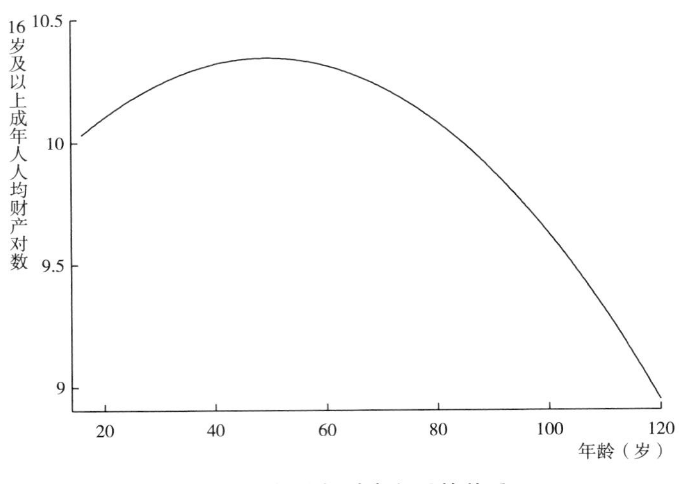

图 4-2 年龄与财产积累的关系

4.3.2 家庭结构

国外众多研究表明，家庭结构与财产积累有关。不过，这些研究多关注的是单亲家庭、女性户主家庭与其他家庭之间的差异。在中国，这样的家庭结构相对较少，目前所收集的样本数据还不足以反映类似家庭的财产积累。这里将家庭结构分为三类：三代及以上成年人同住家庭、两代成年人同住家庭和仅有一代成年人的家庭。对成年人的定义是 16 岁及以上不在学的人或者已婚者。这里对"代"的定义不同于人口学中通用的三代户、两代户和一代户，而是从成年人的角度进行识别，没有包含 16 岁以下的未成年人。例如，夫妻跟 16 岁以下的孩子生活则算入一代户而非两代户。进行这样的划分主要是考虑到只有成年人才对家庭财产有贡献。

结果显示，家庭财产水平最高的是仅有一代成年人的家庭，这类家庭的财产水平是三代成年人家庭的 2 倍多。两代成年人家庭财产水平居于两类之间。那么，如何解释这种现象呢？一般而言，三代及以上成年人一起居住的家庭基本上生活在农村地区，家庭财产水平低于城市。而两代成年人同住的家庭在农村也较多，但是城市也有这样的家庭类型，不过城市中这类型的家庭可能是因为已经成年的子女没有能力购房，不得不跟父母居住，所以这类家庭整体经济状况可能较差。

家庭结构与财产积累的关系比较复杂，二者可能会互为因果。本研究并不特别关注家庭结构的影响，只是将家庭结构变量作为控制变量纳入模型。

表 4-6　家庭结构与家庭成年人人均财产水平

单位：万元

	平均值	中位数	P75	P90
三代成年人	8.90	3.93	7.49	15.65
两代成年人	11.12	5.39	11.11	23.92
一代成年人	15.29	5.23	14.26	32.04

注：同表 4-4。

4.4　市场性因素①

4.4.1　人力资本

以家庭中受教育程度最高的人的教育水平作为家庭的受教育程度，结果发现，受教育程度与财产水平的正向关系非常明显（见图 4-3 和图 4-4），家庭平均净财产随着受教育程度的提高而明显增加。平均值、各个分位数值都随着受教育水平的提高而增加。另外，从箱线图看出，受教育程度越高，各个受教育程度内部的财产水平的方差也越大，说明受教育程度越高的组财产水平的内部差异越大。

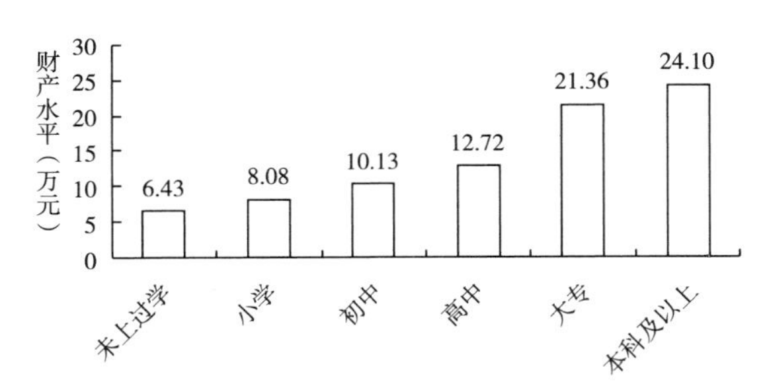

图 4-3　分受教育程度的家庭成年人人均财产水平差异

① 本节是一个初步的探索性分析，在第 5 章详细分析影响机制时会介绍选择市场因素相关变量的原因。

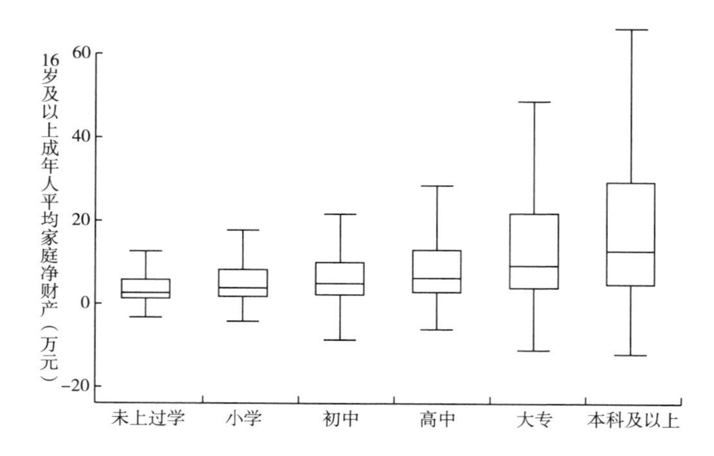

图 4-4　分受教育程度的家庭成年人人均财产水平箱线图

说明：箱线图去除了极值。

这里仍然使用泰尔指数对受教育程度的财产水平差异进行分解，结果显示，受教育程度之间的差异能解释总体差异的 7.95%，而受教育程度组内差异解释了 82.05%。

对教育的收入回报率的研究较多，总的结论是，随着市场改革，教育的收入回报率越来越高。那么，对于教育的财产回报率又如何呢？本研究在后面的章节将结合其他变量一起讨论教育对家庭财产的作用。

4.4.2　个体经营/私营企业

一个家庭有个体经营或私营企业是参与市场经济的典型特征。通过计算两类家庭的财产平均值和各个分位数上的值发现，参与个体经营或者开办私营企业的家庭其财产水平明显高于其他家庭，显示了市场因素在提高家庭财产水平中的重要作用。

不过，计算从 2010 年到 2012 年两类家庭的财产增长幅度发现，没有个体经营的家庭增长幅度更大，这可能反映了市场经济的波动性强。另外一个可能的因素是，第 3 章显示，2010~2012 年，我国家庭财产增长量一半以上来源于房产，而有房产的人多来自城市体制内家庭，从事个体经营/私营的家庭在房产上相对处于劣势，导致财产增长幅度较小。

4.5　制度性因素[①]

与市场性因素相对应的另外一大因素就是制度性因素，它不仅影响收入分配（Xie and Hannum，1996），毫无疑问，也会影响到财产分配。研究中通常用来代表制度性因素的变量有工作单位、干部身份和党员身份。这三个身份代表了所拥有的体制性资源优势。需要说明的是，职业类型是一个很重要的经济特征变量，也可能会影响到家庭财产水平，但是工作单位与职业类型相关性较强。同时也有研究者发现，家庭财产的职业差异较小，因为城市中很高比例的职工都享受到了分房福利。所以本研究不考虑职业差异，在后面几章构建模型时也不纳入职业变量。

4.5.1　工作单位

工作单位类型结合家中所有成年人的信息，构建“家中最好的工作单位”变量，分为以下几个类别：①政府部门/党政机关/人民团体/军队和国有/集体事业单位/院/科研院所（以下图表中简写为政府部门/事业单位），②国有企业/国有控股企业（以下图表中简写为国企），③个体经营，④普通受雇工作，⑤农业，⑥退休，⑦无业。

图 4-5 和图 4-6 共同显示，工作单位类型与家庭财产水平的高低密切相关。平均家庭财产水平最高的是退休家庭，这本身也反映了工作单位的影响，一般而言，退休的老年人之前的工作单位多为政府机关、事业单位、国企，经历 20 世纪八九十年代的市场改革后积累了一定的资产。其次则是有成员在政府部门或事业单位工作的家庭。从图 4-6 箱线图可以看出，在政府部门/事业单位工作的家庭其实是最有优势的，在各个分位数上的值都高于其他类别的家庭。尽管从平均值上看，国企仅略低于政府部门/事业单位，但从分布上看，前者的中位数值和 75%上的财产值都低于后者，尤其是 75%上差距较大。财产水平最低的是从事农业的家庭和无业家庭。

如果进一步将工作单位分为两大类别，一是在政府部门/事业单位工作，二

① 本节是一个初步的探索性分析，在第 5 章详细分析影响机制时会介绍选择制度性因素相关变量的原因。

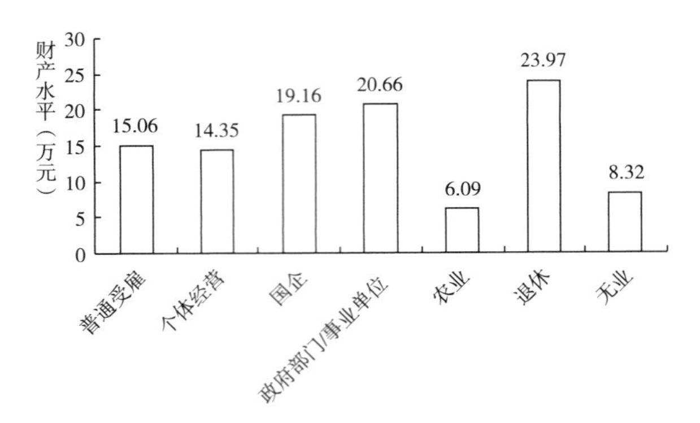

图 4-5 分工作单位类型的家庭成年人人均财产水平差异

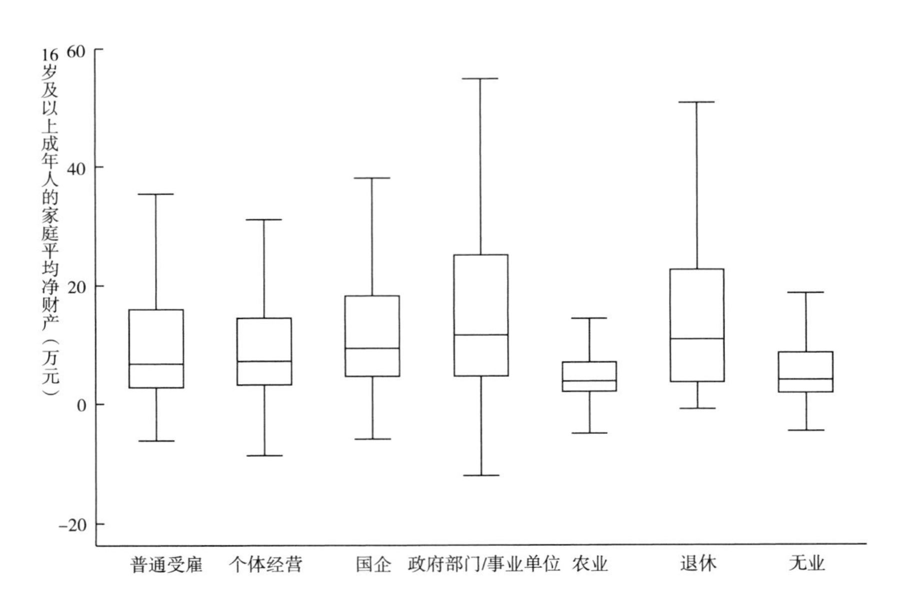

图 4-6 分工作单位类型的家庭成年人人均财产水平箱线图

说明：箱线图去除了极值。

是其他工作，观察财产水平的分布。在非政府部门/事业单位工作的人财产水平差异更大。这也是第 5 章分析财产水平影响因素时考虑财产分布的很重要原因。

4.5.2 管理职务

CFPS 数据调查了家中 16 岁以上成年人是否有行政/管理职务的信息，尽管行政/管理职务与其他研究中对干部的界定不一样，因为一般研究中干部都指体制内的工作，而行政/管理职务无论体制内外都有。但是，可以与工作单位类型相结合，识别出通常意义上的“干部”。为了充分突出制度性因素的作用，这里只分析政府部门/事业单位和其他单位的差异。

总体而言，最有优势的群体是政府部门/事业单位的管理者，处在最不利地位的是在其他单位工作又没有管理职务的家庭。再比较政府部门/事业单位的非管理者和其他管理者，从图 4-7 看出，政府部门/事业单位内的非管理者在 50%、75%分位数上都略高于非政府部门/事业单位的管理者。到底是管理职务重要还是工作单位类型重要，后文会在控制其他变量的情况下进行深入分析。从图 4-7 可以得出的结论是，尽管在政府部门/事业单位工作具有较大的财产优势，但是两个组内也有较大的异质性，两个群体内部是否有管理职务明显影响家庭财产水平。

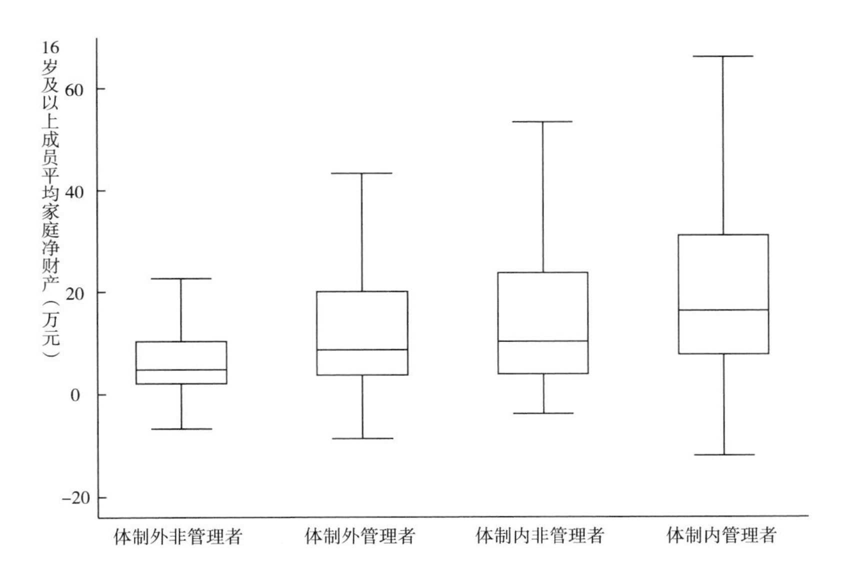

图 4-7　工作单位与管理职务相结合的家庭成年人人均财产水平箱线图

说明：箱线图去除了极值。

为了简化语言表述，用了“体制内”和“体制外”，但这里的“体制内”不包含在国企工作。

4.6 流动状态

有大量研究表明流动人口处于经济上的劣势地位，住房条件差、没有能力买房等是很多实证研究得到的结论（Logan，Fang and Zhang，2009；Li，2000）。CFPS 数据在成人问卷中填答了户口状况，但只能区分跨县或者跨省流动，所以此处将“流动家庭”定义为跨县及以上区域流动的家庭。

表 4-7 显示，两个群体的财产差距较大，无论是从平均值还是各个分位数上看，城镇中流动家庭的财产水平都远低于非流动家庭。

表 4-7 流动状况与家庭成年人人均财产水平

单位：万元

流动状态	平均值	P25	P50	P75	P90
城镇中的非流动家庭	21.64	4.14	10.45	23.55	51.08
城镇中的流动家庭	14.08	2.84	6.73	14.38	27.96

注：同表 4-4。

4.7 收入与财产的关系

收入与财产的关系是目前许多财富研究关注的重要话题。收入会影响财产积累，反过来，财产带来的财产性收入会提高家庭收入水平，但收入与财产的关系比较复杂，并没有一致的结论。目前达成的共识是，财产比收入更不平等（Keister，2014；Morgan and Scott，2007；Keister，2000）。在美国，财产所反映出的种族差距也比收入大得多（Oliver and Shapiro，1997；Menchik and Jianakoplos，1997）。

前文提到，2012 年全国家庭净财产的 90/10 比率高达 36.79，而同期收入的 90/10 比率是 13.10（谢宇等，2013）。财产和收入的分布可以以洛伦兹曲线形象地展现出来（见图 4-8），财产曲线明显右倾，比收入分布更不平等。

同时，财产与收入之间的相关性较弱，美国 20 世纪 80 年代的数据表明收入和财产之间的相关系数仅为 0.5 左右，如果剔除收入中通过财产获得的部分，相关系数则降为 0.26（Lerman and Mikesell，1988）。关于财产与收入关系的另一个

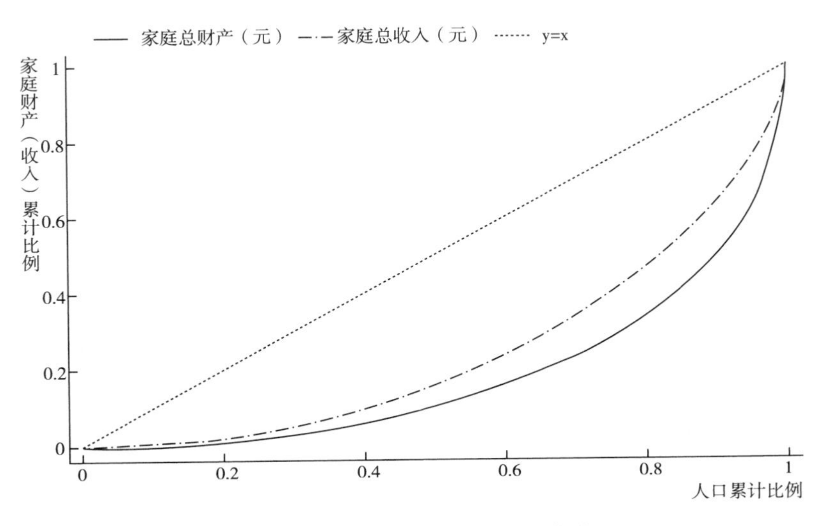

图 4-8　财产与收入的洛伦兹曲线

共识是二者之间的相关性较低（Keister and Moller，2000），本研究使用的数据也证实了这一点。根据 2012 年 CFPS 数据，我国家庭收入与财产之间的相关系数仅为 0.37。在各个财产水平上收入的分布相对分散（见表 4-8）。除了财产最底端和最顶端家庭相对应的比例较高外，其他分位数上的分布都较为分散。这说明极低收入与极高收入家庭的收入和财产高低的一致性较高，但中等阶层收入与财产的相关关系较弱。

表 4-8　收入分布与财产分布的关系

单位：%

		财产分布				
		0%～25%	25%～50%	50%～75%	75%～100%	合计
收入分布	0%～25%	46.5	29.2	15.7	8.6	100.0
	25%～50%	25.7	29.3	27.6	17.5	100.0
	50%～75%	17.6	26.2	30.7	25.5	100.0
	75%～100%	10.2	15.3	26.0	48.5	100.0

尽管收入和财产都是代表家庭经济地位的指标，但在中国特殊的社会环境下，收入与财产之间的关系可能更为复杂，二者的影响机制可能会有所不同。一

方面，随着市场转型，市场性的因素如教育、经营等既会影响收入水平，也会影响财产积累；但另一方面，我国家庭财产所受到的影响却跟收入有所不同，财产直接受到政策影响。所以，体制内工作的优势是无法用收入展现的。这也是第5章将财产和收入进行影响因素并列分析的原因。

4.8 结论

本部分初步探索了中国家庭财产水平差异的各个维度，依据文献回顾，结合中国国情，分析了可能影响到家庭财产水平的因素，为后文构建模型奠定了基础。本章有以下几个发现。

第一，结构性因素在我国财产分配差异中发挥重要作用，城乡差异和区域差异对我国家庭财产水平的差异具有较高的解释力。在分析家庭财产水平的影响因素时，需要考虑这两个重要的因素。

第二，年龄、家庭结构、流动状态与家庭财产水平有关，其中年龄与财产水平呈现“倒U形”关系，在构建模型时，需要控制这些变量。

第三，工作单位类型、管理职务、教育、个体经营/私营都与家庭财产水平有密切的关系，各自如何独立影响家庭财产，哪个因素作用更大，第5章会进行深入探索。

第四，收入与财产的影响机制可能存在差异，第5章将两个变量进行并列分析，深入探索其背后的机制和差异。

第5章
中国家庭财产水平的影响因素研究

5.1 引言

近年来，关于财产水平和分布已有一些研究涉及（如李实、魏众、古斯塔夫森，2000；梁运文、霍震、刘凯，2010），共同结论是中国的财产差距在迅速扩大（李实、魏众、丁赛，2005；原鹏飞、王磊，2013）。然而，关于财产分配背后的影响机制，却鲜有研究讨论。

国外有关财产水平影响因素的研究较多，各个方面都讨论得较为深入。比如众多研究表明，种族是家庭财产水平的重要影响因素之一，即使在控制其他人口学变量和收入水平的情况下，黑人的家庭财产水平也要明显少于白人（Vespa and Painter II，2011）；而年龄则与一生的消费、储蓄和投资有关，反映的是生命历程中人的经济行为的变化，大多数研究认为年龄与财富呈"倒U形"关系（Modigliani and Brumberg，1954；Ando and Modigliani，1963），但关于"倒U形"的转折点也存在争论（Kotlikoff and Summers，1981；Mogan and Scott，2007）；关于性别，一般的研究结论是女性户主家庭财产水平要低于男性户主家庭（Keister，2000）；不同家庭结构积累财富的能力和消费行为明显不同，导致不同家庭结构类型的财产水平差异较大（Matteo，1997；Keister，2000；Ruel and Hauser，2013）；教育和职业地位则直接影响获得财富的能力（Keister，2003）、投资意识（Sierminska et al.，2010）、消费意识，所以，教育水平和职业地位越高的人财富水平也越高（Keister，2000；Keister，2007；Dietz et al.，2003）。国外研究还涉及宗教信仰，有研究表明，一些宗教信仰团体更容易陷入贫穷（Keister，2003，2005）。

但是，在财富积累上，中国与西方发达国家有截然不同的背景和国情。西方国家的家庭很早就在市场经济背景下积累财产，而中国在新中国成立后短短几十年经历了不同的经济发展阶段。改革开放以前，在计划经济体制下，全社会处于吃"大锅饭"的平均主义时代，私有财产很少。但随着改革开放政策的实行，市场经济逐渐推进，社会越来越注重效率，一部分人通过经商迅速富裕起来（Wu，2002），积累了大量的财富。然而，与此同时，制度因素对经济地位的作用却并没有被削弱，在一个社会的快速转型期，市场经济改革反而强化了既得利益者的利益。20 世纪 80 年代末，国家开始住房改革，公共福利房的占有者以极低的价格从政府或单位购得住房，将其转变为私有财产（Song and Xie，2014；Walder and He，2014）。而 2000 年以来，正逢房地产市场繁荣，房价大幅度攀升，有住房者从中获得了大量利益（陈彦斌、邱哲圣，2011）。因此，在市场转型背景下，制度性因素和市场性因素到底如何影响家庭财产水平，迄今是一个尚未得到充分讨论的研究话题。

针对市场转型中市场性因素和制度性因素的作用，以往研究多从收入的角度展开讨论。20 世纪八九十年代是中国市场经济体制开始建立并逐渐深入发展的阶段，针对这段时期人力资本和再分配体制的作用变化的讨论非常多（如 Nee，1989，1991，1996；Hauser and Xie，2005）。一般将工作单位、党员身份和干部身份作为体制性资源或再分配能力的代表（Nee，1989，1991，1996），教育水平作为市场特征的代表（Xie and Hannum，1996；Hauser and Xie，2005）。一些研究表明，在市场转型过程中，政治资本的优势逐渐下降（林宗弘、吴晓刚，2010；刘和旺、王宇峰，2010）。相反，教育的收入回报率却在上升（Jansen and Wu，2012）。不过也有研究表明，政治资本的优势在市场经济条件下仍在持续（Bian and Logan，1996；Zhou，2000）。

作为另外一种形式的经济结果，财产看似是一个可以跟收入相互替代、衡量家庭经济地位的指标，但实际上，财产与收入本质上是不同的。财产是存量，收入的积累可以形成财产，但遗产和财产转赠是财产的重要组成部分（Gale and Scholz，1994），在中国则存在一种特殊形式的财产获取方式——从单位获得房产；而收入则是流量，通过财产可以获得部分收入，即财产性收入，但更主要的是工资性收入，通过劳动获得。而且，收入可以以个人形式算，但财产基本都是家庭层面的，很难将家庭财产分割到家庭每一个人身上。二者获取方式的差异和存在形式的差异导致二者影响因素必然各异，收入的结论无法直接照搬到财产上。在财产成为家庭重要经济地位指标的今天，有必要深入探究其背后的影响机制。

第 3 章结合最新的调查数据和历史数据分析了我国目前的家庭财产水平、分布状况以及时间变化趋势，对我国的财产状况有了一个初步的把握。第 4 章根据文献综述总结的可能影响财产水平的因素，初步描述了各因素与家庭财产水平的关系。不过由于是双变量分析，各变量与因变量之间呈现的关系可能会受到其他因素的影响。本章则结合中国的历史背景和现实状况，在控制其他变量的情况下探究制度性因素和市场性因素对家庭财产水平的影响。

为了更深入地分析家庭财产水平的影响因素，突出与收入的不同，本章将财产和收入进行并列分析。本章回答以下几个研究问题：在中国的特殊国情下，制度性因素和市场性因素如何分别影响家庭财产水平，各影响因素是如何随着财产水平的变化而变化的？

5.2　制度性因素和市场性因素

谈到家庭财产水平的影响因素，涉及方方面面。那么，如何在众多影响因素中寻找切入点简化分析呢？仔细分析，大致可以将影响因素分为两类：一是直接影响到财产分配的社会经济特征，换句话说，这些特征直接与财产积累有关，获得这些社会特征的直接影响就是转化为经济优势，比如努力获得更高的受教育程度、进入更好地工作单位、开办私营企业等；二是尽管可以影响到财产分配但这些特征本身并不是以获得经济利益为目的的特征，比如家庭结构、家庭规模、年龄、所在地区等。第一类特征直接与社会经济地位、社会流动相关，也是讨论如何缩小分配差距的政策的切入点，因此，本研究重点讨论第一类特征对家庭财产的影响，并不特别关注第二类特征。第二类特征以控制变量的形式出现在模型中。

结合中国的实际情况，可以将第一类特征划分为制度性因素和市场性因素两个方面，讨论市场转型背景下这两大因素分别在家庭财产积累过程中所起的作用。制度性因素代表的是一种体制性资源或者资本，代表的是一种资源整合和再分配能力。

在针对制度性因素的讨论中，“单位”是中国极富特色的制度和组织（李路路，2002），在计划经济再分配体制中，单位本身就是一个反映体制特征的地位指标（边燕杰等，2006），所以单位的所有制性质和行政级别是很多研究讨论制度性因素影响时经常使用的变量（Song and Xie，2014；Walder and He，2014；张车伟、薛欣欣，2008）。工作单位类型被很多研究证明对单位内成员福利有非常大的影响，单位的隔离是造成城镇居民之间社会经济地位差异的重要机制（Bian，1994；Lin and Bian，1991），在城市社会分层中扮演着重要角色（Wu，2013）；单位行政级别不同，在获取资源和提供员工工资与福利待遇的能力方面也存在显著的差别（Zhou，2004）。研究表明，在控制职业地位的情况下，国有单位能提供条件更好的住房（Bian，1994；Logan et al.，1999；Walder，1992）。工作单位一般分为三类，政府部门、事业单位和企业（Wu，2013）。改革前，只有国有企业和集体企业；改革后，企业类型又增加了私企和外企。政府部门可以进行资源再分配，事业单位是再分配的主要受益者，企业则为再分配生产资源和利润（Wu，2013）。Wu（2013）按照不同的口径对工作单位进行分类后分析收入差异发现（见图5-1），有明显差异的是政府部门/事业单位与企业，或者政府部门与非政府部门。同时，该研究并没有发现国有企业具有明显的工资优势。主要工资壁垒似乎存在于政府部门/事业单位与经济部门（企业）之间。受此研究启发，本研究在分析工作单位类型对家庭财产的影响时，为了突出制度性因素的作用，采用图5-1的第三种分类方式——政府部门/事业单位与非政府部门/事业单位。

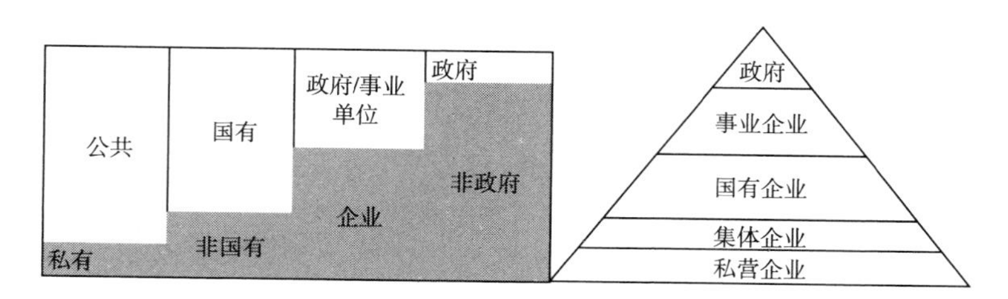

图5-1　改革前中国的工作单位类型

资料来源：Wu，2013。

干部身份也是市场转型理论和相关的理论实证研究经常用来研究制度性因素作用的变量（如Nee，1989，1991，1996；Rona-Tas；Walder，1995；Bian and Logan，1996）。在CFPS数据中，我们知道被访者的管理者身份，可以跟工作单位结合看它所代表的制度性因素的影响。

中国的体制转型道路是以私有部门的渐进而持续不断的扩展为特征的，市场部门的发展产生了新的机会，比如，经营私营企业已经成为“国家社会主义社会里除了沿着官僚等级发展之外的另一条可供选择的道路”（吴晓刚，2006）。因此，是否参与市场经营，比如开办私营企业或者个体经营，是代表市场性因素的最直接指标。Nee（1989，1991，1996）在阐述和验证市场转型理论的时候就以是否创办企业作为市场因素的典型特征。私营企业经营活动回报的上升可以归结为市场机制的结果（吴晓刚，2006）。本研究以家中是否有人开办私营企业或者参与个体经营作为第一个市场性因素指标。

作为人力资本的表现形式和代表市场效率的指标，教育的经济回报率是很多研究讨论市场化转型过程中市场因素影响所关注的重点（Xie and Hannum，1996；Hauser and Xie，2005）。理论上，随着市场经济的深入发展，市场应该更重视效率而非再分配能力，所以教育的影响作用应呈上升趋势（Nee，1989）。研究也发现教育的收入回报率确实呈不断升高趋势（Jansen and Wu，2012）。然而，目前有关教育对财产的影响的研究并不多，尤其是讨论中国特殊背景下教育影响的研究很少。教育对财产水平的影响主要表现在两个方面，一方面，教育代表积累资产的能力（Keister，2003），因为教育会影响工作单位、职业和收入；另一方面，不同受教育程度的人储蓄、投资理念、风险意识等都不一样（Sierminska et al.，2010），而这些因素直接与财产积累挂钩。人力资本回报的上升可以归结为市场机制的结果（吴晓刚，2006），本研究中只有一年的数据，无法通过时间变化对比教育作用的变动，但可以结合已有研究，对比讨论教育与制度性因素的作用，进行一些经验上的对比。

对市场转型理论或权力持续论的验证需要多年的时点数据，通过不同时间上的对比才能看出制度性因素和市场性因素的变化。但一年的数据无法反映时间变动趋势，所以本研究的目的并不是验证市场转型理论或者权力维持论，而是受这些理论启发，试图初步探讨制度性因素和市场性因素在中国家庭财产积累过程中如何发生作用和哪个因素产生的作用更大。

这些理论和实证研究多是基于20世纪八九十年代的情况，而且是以收入作为因变量，那么，对另外一个代表经济地位的指标——财产，在改革开放三十多年后的今天，市场性因素和制度性因素是如何发挥作用的呢？本研究利用最近的全国性调查数据，探索这两大因素在家庭财产积累中的作用。

5.3 数据和方法

5.3.1 数据

本章使用2010年中国家庭追踪调查（CFPS）数据。该数据在第3章已经进行了详细的介绍，这里不再赘述。2010年数据收集了家庭成员的教育、就业、婚姻、兄弟姐妹、子女等方面的家庭背景信息以及详细的家庭财产信息，为财产影响因素研究提供了很好的数据基础。第3章提到，CFPS调查为了收集区域可比性数据，在辽宁、上海、河南、广东、甘肃5个省份进行了过度抽样，本章进行数据描述统计分析时使用了全国家庭权数。但是，在回归分析中，因为使用分位数回归方法涉及整体数据分布，可能存在不能收敛的问题，所以不使用权数，但是模型中控制了区域差异。

5.3.2 方法

（1）模型设定

本章主要使用三类回归分析方法构建模型，展开分析。第一种是传统的多元线性回归，探讨平均意义上制度性因素和市场性因素对家庭财产水平的影响；第二种是Tobit回归，在进行财产分类分析时，有些类别的财产有较高比例的0值，存在左截尾现象，不满足多元线性回归的假定，所以使用Tobit回归；第三种是分位数回归，回答制度性因素和市场性因素对家庭财产水平的影响是否随着分布点的变化而变化的问题。

多元线性回归

收入研究的传统处理方法是，将其进行对数转换，构建简单线性回归模型（如公式①所示）。而财产与收入不同的是，因为有负债存在，净财产有负数。将财产作为因变量时，通常有以下几种处理方式。第一种方法是直接将净财产作为因变量（Barsky et al.，2002；Smith，1995；Yamokoski and Keister，2006），但由于财产的分布极其偏倚，存在异方差性的问题（Carroll et al.，2003；Pence，2006）。为了解决财产偏态分布问题，使之符合正态分布的假定，第二种方法则跟收入一样，进行对数转换（Killewald，2013），但是，该方法的问题在于负债家庭无法进行对数转换，通常的处理方式是为所有家庭的财产加上一个固定的常数使负债家庭财产变为正数，或者将财产为负数的家庭用一个很小的正数代替（Conley and Glauber，2008；Hall and Crowder，2011；Keister，2003）。不过仍然存在的问题是用多大的正数代替负值是主观的选择，会影响到财产本身的分布，影响结果（Killewald，2013）。为了解决这样的问题，随之出现的一种方法是 Inverse Hyperbolic Sine（IHS）转换（Meng，2007），该方法的前提假设是自变量对负债者和净财产持有者的影响是一样的。另外一种方法则是分两步估计，先估计自变量与持有净财产可能性之间的关系，第二步单独分析各自变量与财产持有者和负债者财产水平的关系（Killewald，2013）。

不过，本研究中，负债家庭仅占 2.2%①，利用最常见的对数转换对结果影响不大。因此，首先将负债家庭的资产都变为 0，然后再为所有家庭的财产加 1，进行对数转换，构建如公式①所示的多元线性模型分析。

$$\log Y = \beta_0 + \beta_1 X_1 + \beta_2 X_2 + \beta_3 X_3 + \beta_4 X_4 + \varepsilon \quad ①$$

（Y 是收入或财产，X_* 表示解释变量，β_* 表示相应变量前的系数，ε 是误差项）

Tobit 回归

对家庭财产分类分析时，住房资产和非住房资产中有相当比例的家庭为 0，不满足线性回归的假设，所以使用 Tobit 回归。Tobit 回归假设有一个潜在的变量 y 与自变量 x 之间是线性关系，能够解决现实中因变量左截尾和右截尾的问题（Wooldridge，2010）。

看似不相关回归："看似不相关回归"（Seemingly Unrelated Regression，SUR）是假设模型之间的误差项（Error term）是相关的（Zellner，1962），从而对模型进行更有效的估计。这样联合估计出来的模型可以用来检验各个变量在不

① 在负债家庭中，平均负债额为 41854 元，标准差为 88611 元。

同模型中的影响是否一样。本章中使用“看似不相关回归”比较财产模型和收入模型中自变量系数的差异，以及住房财产和非住房财产中自变量影响的差异。

分位数回归

在收入和财产研究中，另外一种经常使用的方法则是分位数回归（Quantile Regression，QR）。传统线性回归分析关注均值，即基于自变量每一取值（组合）处自变量的均值，即条件均值 E（Y | X），来揭示自变量与因变量之间的关系（如图 5-2 所示）。但是，条件均值法有其内在不足（Hao and Naiman，2007），它只是部分地揭示了因变量与自变量之间的关系，因为它只关注自变量取值处因变量取值分布的中心，而忽略了非中心位置处的情况；模型的独立同分布、正态假定、同方差假定在实际研究中往往难以满足，尤其是财产这样的变量存在极大值的情况，可能导致条件均值测量集中趋势变得不恰当和具有误导性；最后重要的一点是，自变量对因变量的影响大小、方向可能与整体分布有关，只关注因变量的条件均值而忽视整个分布的特征则会丧失很多有用的信息。

Koenker 和 Bassett（1978）最早提出了分位数回归，将因变量的条件分位数（conditional quantiles）作为（一组）自变量的函数进行建模，目的是揭示自变量对因变量分布的位置、刻度和形状的影响。本质上，分位数回归其实是对 OLS 回归的一种自然而然的扩展。但在线性回归假设不能满足的情况下，分位数回归系数比 OLS 估计更稳健。同时，分位数回归估计能描述自变量对于因变量的变化范围以及条件分布形状的影响，从而更全面地理解因变量的分布如何受到自变量的影响。另外，分位数回归可以对变量进行分解，分别分析系数和特征对总体差异的贡献。

分位数回归使用的是最小离差法估计（least-absolute-distance estimation）。

尽管分位数回归时，经过转换后的数值并不改变原始值的分布，但为了同时与收入进行对比，仍然对财产值和收入都进行对数转换。进行这样的转换后，财产和收入各变量的系数变成相对变化而非绝对变化，二者之间具有可比性。模型如下，$0<q<1$，表示 0 到 1 之间任意分位数点：

$$\log Y = \beta_0^{(q)} + \beta_*^{(q)} X_* + \varepsilon^{(q)} \quad ②$$

（2）样本选择

财产是家庭层面的，而家庭层面的各个自变量又需要通过结合家庭成员的信息得到。以往的做法是以户主特征代表家庭特征（巫锡炜，2011；李实、魏众、B. 古斯塔夫森，2000），国外的研究也是如此，默认为男性为家庭户主，单身母亲、女性家庭则女性为户主（Schmidt and Sevak，2006）。然而，以户主作为家庭代表的做法可能遗漏掉一些重要的信息，财产是以家庭为单元积累的，家庭中每个有劳动能力或者参加经济活动的人都能贡献财产，只考虑户主的信息可能会掩盖其他人的贡献。家中各成员之间无论是在学历还是职业类型上都可能存在较大差异，只关注其中任何一人的信息都有可能产生偏差结果。

为了解决这样的问题，本研究充分利用CFPS家庭成员信息收集全面的特点，使用每一个家庭成员的信息，构建家庭层面的变量——平均年龄、平均受教育年限、家中是否有15岁及以下的孩子、家中是否有退休老年人、家庭规模、是否是流动家庭[①]、家中是否有有行政/管理职务的人员、家中是否有在政府部门和国家事业单位工作的人以及家中是否有党员。这里的成年人，在实际操作中界定为16岁及以上不在学的人和已婚者。进行这样的限定有两方面的考虑：一是CFPS调查中只有16岁及以上的人回答了成年人问卷，提供了详细的信息，尽管没有更小年龄的人的信息，但由于中国普及九年义务教育，年龄更小的人基本在上学；二是考虑到其可能对家庭财产做出贡献的可能性。除了家中是否有15岁及以下的孩子和家庭规模两个变量外，其他都使用“成年人”信息。

根据个人信息构造家庭特征变量需要知道家中每一个成年人的详细信息，但是在CFPS调查中，家中每一个成员都收集到的信息只有年龄、受教育程度、是否同住等几项基本的信息。要想深入分析制度性因素的影响，还需要结合成年人问卷[②]收集的详细信息。但是，并不是家中每一个成年人都回答了成年人问卷，只有调查时在家的或者能联系上的家中成员填答了成年人问卷，依据成年人问卷中填报的信息构建的家庭特征变量可能存在偏差。为了说明结论的可靠性，本章在敏感度分析部分进行了一项补充分析，即选择凡是符合填答成年人问卷条件的人都填答了问卷的家庭进行分析，避免了因遗漏某个或某几个成年人信息而造成的偏差。

---

① 家中填答成年人问卷的人户口都不在本地则算为流动家庭，家中只要有一个人户口在本地就归为非流动家庭，做这样的处理主要是考虑到本地人与外地人通婚情况。需要说明的是，在本数据中识别流动人口是跨区县层面的，区县内的流动人口和市内人户分离人口无法识别。

② 调查时在家的16岁及以上成年人单独填答的问卷。

（3）因变量和自变量

因变量

本研究的主要因变量是财产，具体而言，是16岁及以上成年人的平均财产的对数，先用家庭净财产除以家中16岁及以上成年人人数，然后将负债家庭的财产赋值为0，再在所有的财产数值上加1，最后进行对数转换。

前文提到，为了深入分析家庭财产背后的影响机制，与收入进行并列分析。所以，另外一个因变量是收入。关于收入，使用的是16岁及以上成年人的平均收入的对数，即先用家庭净总收入除以家中16岁及以上成年人人数，然后进行对数转换。家庭收入使用的是扣除成本后的家庭净收入，并且对农村自产自销的农产品根据市价进行了估值，调整了农村家庭收入。

本研究中将家庭财产进行分类分析时，处理办法与总财产一致，即除以家庭16岁及以上成年人人数，然后将负值转为0，并给每个家庭加1，最后进行对数转换。

自变量

模型中的关键自变量是代表制度性因素和市场性因素的变量。

用单位类型识别家庭是否有体制性资本。单位类型指的是家中是否有人在政府部门、党政机关、人民团体、军队、国有/集体事业单位/院/科研院所工作，以下简称为“政府部门/事业单位”。以往研究中，“体制内工作”也是常用的代表体制性资本的变量，“体制内工作”包含了在国有企业或国有控股企业工作，本研究为了尽可能分离出市场因素的作用，充分突出制度性因素的作用，突出在政府部门和国家事业单位工作的优势，将在政府部门、党政机关、国家事业单位等工作的划分为一类，国企则不包含在内。2010年CFPS数据中询问了家庭成员是否有行政/管理职务，不过它不同于传统研究中对干部的定义，“干部”一般都是体制内的称谓，这里的行政/管理职务也可以在体制外存在。所以这个变量本身不能单纯代表体制内资本，但可以表示一种能力。为了进一步突出财产分配的异质性，将工作单位类型与管理职务相结合形成一个新的变量——非政府部门/事业单位非管理者、非政府部门/事业单位管理者、政府部门/事业单位非管理者和政府部门/事业单位管理者。

在农村，为了选取一个更直接代表制度性因素的变量，根据被访者填答的具体职位将之分类为市场部门的管理职务和公共部门的管理职务，公共部门包括政府部门/党政机关/人民团体/军队、国有/集体事业单位/院/科研院所、民办非企业组织、协会/行会/基金会等社会团体和社区居委会/村委会等自治组织等机构，市场部门包括各类企业、个体工商户和农村家庭经营单位等（黄国英、谢宇、李汪洋、项军，2015），这样农村家庭可以分为三类：家中没有人有管理职务，家中有人任市场部门的管理职务，家中有人任公共部门的管理职务，家中既有人任市场部门的管理职务又有人任公共部门的管理职务，鉴于第四类情况非常少（仅 20 家），在数据分析时划入公共部门[①]。

对于市场因素，用家庭是否参与个体经营/私营变量表示。教育作为代表市场效率的指标以家庭中成年人平均受教育年限进入回归模型，教育变量根据受教育程度转换为受教育年限指标，其中，文盲为 0 年，小学为 6 年，初中为 9 年，高中或中专为 12 年，大专为 14 年，大学本科为 16 年，研究生及以上为 19 年。

需要说明的是，模型中未加入职业变量，中国社会分层的主要决定因素仍然在单位之间（Xie and Wu，2008；边燕杰等，2006），同类型单位内部的职业差异较小（Walder and He，2014），单位可以反映地位（边燕杰等，2006）。

控制变量

第 2 章文献综述中已总结过，年龄、家庭结构是影响财产积累的人口学因素，模型中纳入年龄、年龄的平方、家庭结构类型、家中是否有 15 岁及以下的孩子、家庭规模、家庭规模的平方、家中是否有退休老年人。农村中退休老年人较少，使用家庭中 60 岁及以上老年人人数。家庭结构分为四类，第一类是至少三代成年人同住的家庭（祖辈、父辈和孙辈，孙辈必须也是本研究中限定的成年人，即 16 岁及以上而且未在学或者已婚）；第二类是两代成年人同住的家庭；第三类是仅有一代成年人的家庭；第四类是其他类型，包括隔代同住、成年兄弟姐妹同住等。

另外，模型中控制了是否流动家庭（城市）和家中是否有人外出打工（农村）变量，城市中，家庭中所有填答成年人问卷的人都是跨县流动则划为流动家庭。在分位数回归中，涉及分布，虚拟变量太多可能会影响到结果，使结果不稳定，所以所有模型均使用县级人均 GDP 的对数控制区域发展水平的差异，并

---

① 分析时将既有公共部门管理者又有市场部门管理者的家庭分别划入公共部门和市场部门分析，两种分类方式并不影响结果，考虑到农村在公共部门有管理职务的家庭较少，而且两类管理职务都有的家庭也是拥有体制资源的家庭，所以将这类划入公共部门。

在县级层集聚类标准差（cluster standard error）。

自变量和因变量的基本分布情况见表5-1。考虑到城市财产和农村财产结构以及获取途径的差异，分城市和农村分别构建模型。

表5-1 因变量和自变量的描述统计结果

	城市		农村	
	平均值（比例）	标准差	平均值（比例）	标准差
财产	10.70	2.62	9.93	1.90
收入	9.33	1.02	8.65	0.99
年龄	46.57	12.23	45.06	11.19
家中是否有15岁及以下的孩子				
是	42.63	—	52.35	—
家庭结构				
三代成年人同住	5.57	—	8.54	—
两代成年人同住	69.19	—	72.88	—
一代成年人	24.38	—	18.06	—
其他	0.85	—	0.52	—
家庭规模	3.43	1.51	4.18	1.80
家中是否有退休老年人				
是	23.99	—	3.53	—
家中是否有60岁及以上老年人				
是	37.01	—	40.67	—
是否流动家庭（城市）/家中是否有流动人口（农村）				
是	8.16	—	31.95	—
受教育年限	8.64	3.94	5.53	3.30
是否有行政/管理职务				
是	12.85	—	5.13	—
行政/管理职务分类[1]				
无行政/管理职务	—	—	97.53	—
市场部门行政/管理职务	—	—	1.42	—
公共部门行政/管理职务	—	—	1.06	—

续表

	城市		农村	
	平均值（比例）	标准差	平均值（比例）	标准差
家中是否有人在政府部门/事业单位工作				
是	11.96	—	3.2	—
工作单位与管理职务相结合				
非政府部门/事业单位的非管理者	80.65	—	—	—
非政府部门/事业单位的管理者	7.34	—	—	—
政府部门/事业单位工作的非管理者	8.54	—	—	—
政府部门/事业单位工作的管理者	2.52	—	—	—
家中是否有党员（参照类：否）				
是	20.52	—	10.93	—
其他[2]	0.95	—	—	—
家中是否有党员（参照类：否）				
是	20.52	—	10.93	—
是否参与个体经营或私营				
是	16.76	—	10.33	—
县级人均 GDP 的对数	10.59	1.01	9.70	0.84
样本量	6320	—	6917	—

注：1. 农村中行政/管理职务分为市场部门和公共部门后，比例有所减小（2.48 : 5.13），这是因为家中所有成员都填答了“是否有行政/管理职务”，但具体的职务类型只有回答了成人问卷的人填答，所以后者比例有所减少；2.“其他”表示家中既有政府部门/事业单位工作人员或管理者，又有非政府部门/事业单位的管理者。

5.4　描述性结果分析

5.4.1　制度性因素

本部分初步分析代表制度性因素的工作单位类型与家庭财产水平之间的关系。图 5-2 为城市中有成员在政府部门/事业单位工作和其他单位工作的家庭的财产分位数曲线，形象地展示了二者的差异。首先，有在政府部门/事业单位工作的成员的家庭其财产水平明显高于其他单位工作的家庭。其次，两类家庭在分布的中间段差距较大，两端家庭差距较小。在越富裕的家庭中，差距逐渐消失。这也充分说明，研究家庭财产时，不仅需要从平均值角度考虑，也需要考虑到整个分布。

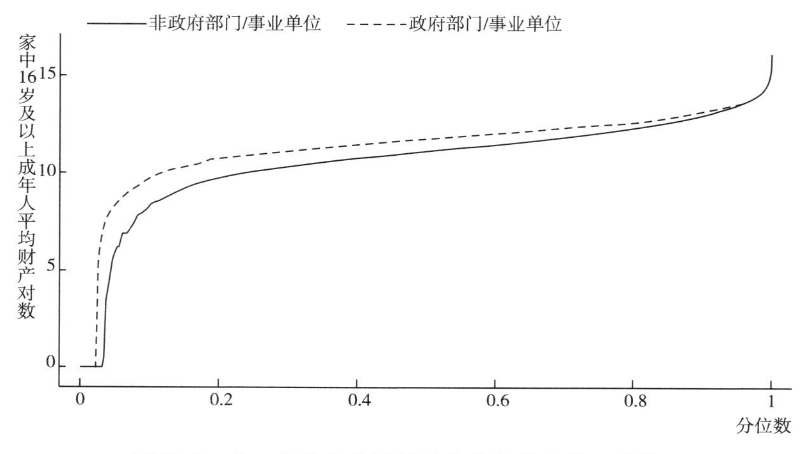

图 5-2　分工作单位类型的财产分位数曲线（城市）

为了进一步展示城市中这两类家庭的差异以及财产与收入的差别，图 5-3 绘制了财产和收入的 Kernel 密度曲线。直观地看，可以有以下几点发现：一是在政府部门/事业单位工作的家庭平均财产水平明显高于其他工作单位的家庭，收入也如此；二是在政府部门/事业单位工作的家庭财产分布更为集中，意味着其内部差异低于其他类别的家庭，同样，收入也表现出此规律；三是财产分布和收入分布差异较大，收入分布更为集中，而财产分布更分散，意味着财产的不平等程度整体高于收入。

表 5-2 选取了平均值和几个分位数，初步探索财产与收入分布模式的差异。可以看出，平均值上，在政府部门/事业单位工作的家庭比其他家庭在财产上高出的幅度要大于收入。在 25%分位数上呈现出的模式跟平均值一致，但是在 50%、75%和 90%上，模式反过来了，即财产上的差距反过来小于收入上的差距。这也是本研究将财产和收入进行并列分析的原因，这样的差异恰巧说明财产和收入背后的影响机制可能是不一样的。

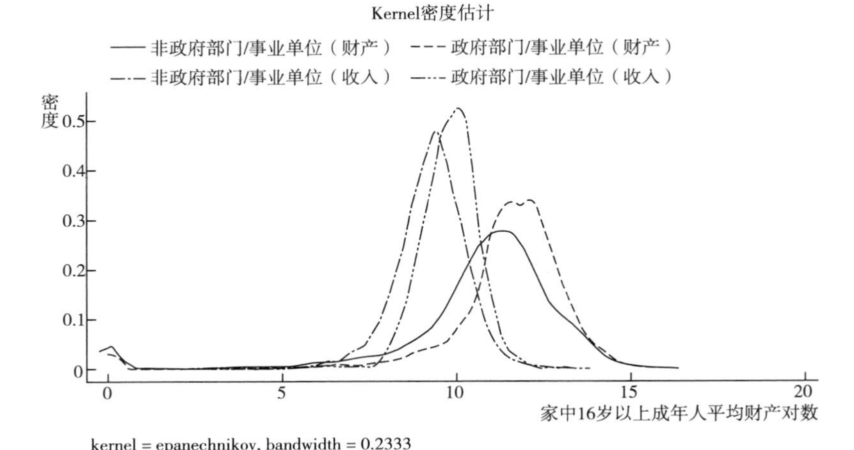

图 5-3　分工作单位类型的 Kernel 密度曲线（城市）

表 5-2　工作单位类型与财产（城市）

	财产			收入		
	政府部门/事业单位	非政府部门/事业单位	高出比例（%）	政府部门/事业单位	非政府部门/事业单位	高出比例（%）
平均值	11.14	10.41	6.98	9.80	9.19	6.62
P25	10.91	9.90	10.15	9.31	8.66	7.49
P50	11.66	10.98	6.18	9.85	9.24	6.68
P75	12.29	11.82	4.03	10.31	9.80	5.21
P90	12.87	12.54	2.62	10.62	10.33	2.87

注：财产和收入均表示的是家中 16 岁及以上成年人平均财产（收入）对数；P25、P50、P75、P90 分别表示分位数 25%、50%、75%、90%上的值。

在农村，以管理职务代表制度性因素，分为三类：无任何职务、有市场部门的管理职务、有公共部门的管理职务。分三类分析家庭的财产水平，结果显示（见图 5-4），有市场管理职务的家庭财产水平是最高的，在各个分位数点上都呈现同样的结果。而公共部门的管理职务并没有表现出优势。

5.4.2　市场性因素

首先看城市家庭中教育与财产水平的关系。① 从分受教育程度的分位数曲线

① 这里使用家中 16 岁及以上成年人中最高的受教育程度。

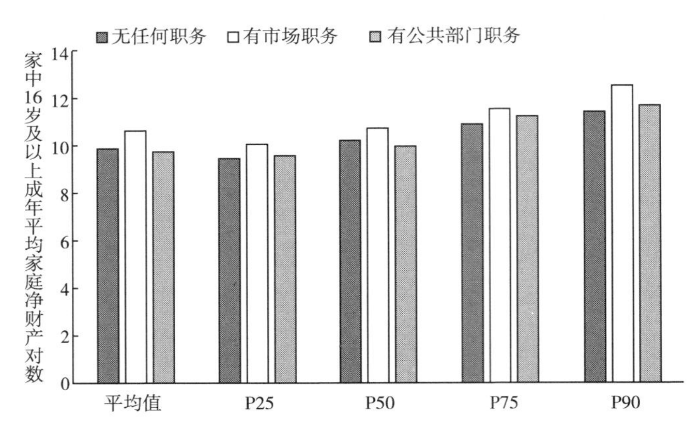

图 5-4 分管理职务的家庭成年人人均财产水平（农村）

说明：同表 5-2。

可以观察到，受教育程度越高的家庭，家庭财产水平越高（见图 5-5）。表 5-3 更直接地呈现了各个受教育程度上各分位数上的值和平均值，可以得到同样的结论。同时，为了探索受教育程度对财产和收入分别有什么影响，这里对财产和收入分别计算了相邻受教育程度之间的差异（见表 5-3 和表 5-4）。前文提到，工作单位的差异在财产上比收入上更大。但是受教育程度并没有表现出类似的模式，相反，从平均值上看，除了高中与初中相比较的结果外，其他都呈现出收入的幅度大于财产的结果。在一些分位数上也呈现出同样的结果。不过总体而言，受教育程度之间的财产差异和收入差异都要小于工作单位。在回归部分会详细分析其中的差异。

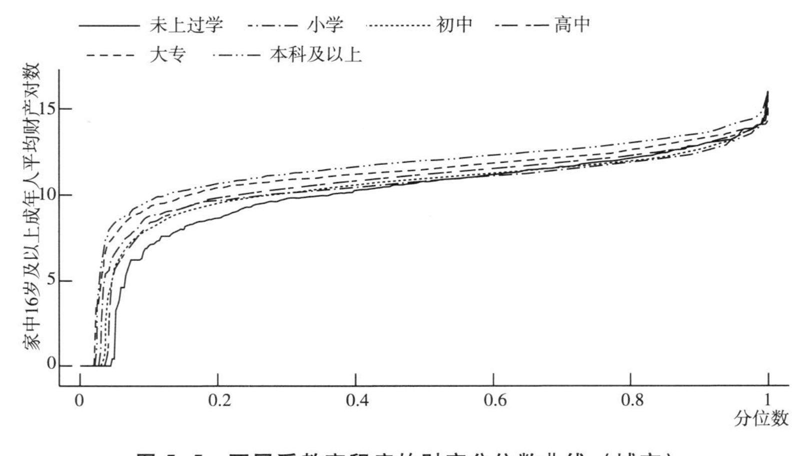

图 5-5 不同受教育程度的财产分位数曲线（城市）

表 5-3　受教育程度与财产的关系（城市）

	未上过学	小学	初中	高中	大专	本科及以上
平均值	9.91	10.31	10.33	10.51	11.07	11.47
P25	9.24	9.81	9.84	10.13	10.64	10.89
P50	10.54	10.72	10.85	11.11	11.42	11.94
P75	11.60	11.52	11.69	11.93	12.23	12.71
P90	12.61	12.33	12.45	12.79	13.17	13.53
		小学/未上过学（%）	初中/小学（%）	高中/初中（%）	大专/高中（%）	本科及以上/大专（%）
平均值		3.97	0.17	1.83	5.29	3.64
P25		6.17	0.26	2.94	5.05	2.34
P50		1.73	1.21	2.40	2.78	4.56
P75		-0.66	1.41	2.11	2.48	3.95
P90		-2.22	0.94	2.75	2.93	2.73

注：同表 5-2。

表 5-4　受教育程度与收入的关系（城市）

	未上过学	小学	初中	高中	大专	本科及以上
平均值	8.33	8.83	9.10	9.28	9.57	9.98
P25	7.67	8.24	8.57	8.78	9.10	9.49
P50	8.58	8.89	9.15	9.31	9.63	10.03
P75	9.15	9.40	9.67	9.80	10.13	10.48
P90	9.62	9.93	10.18	10.32	10.53	11.00
		小学/未上过学（%）	初中/小学（%）	高中/初中（%）	大专/高中（%）	本科及以上/大专（%）
平均值		5.90	3.11	1.93	3.17	4.27
P25		7.36	4.07	2.49	3.65	4.25
P50		3.57	2.95	1.74	3.44	4.22
P75		2.75	2.82	1.36	3.35	3.46
P90		3.25	2.55	1.33	2.09	4.46

注：同表 5-2。

图 5-6 显示，农村家庭中受教育程度所带来的财产水平差异低于城市，不过整体也呈现受教育程度越高财产水平越高的模式。

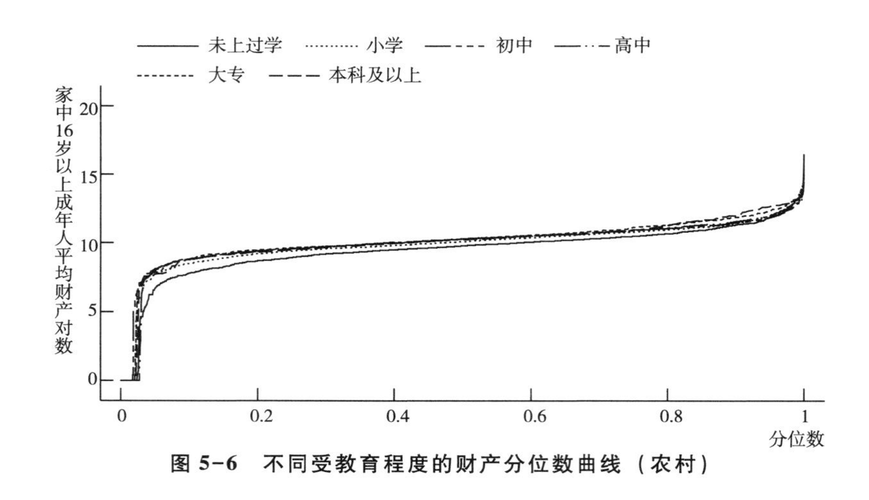

图 5-6　不同受教育程度的财产分位数曲线（农村）

最直接的市场因素是家中是否有人从事个体经营/私营，图 5-7 和图 5-8 分别呈现了城市和农村的分位数曲线。城市家庭中从事个体经营/私营的家庭和不从事个体经营/私营的家庭财产水平在不同的分布上存在差异，在低分位数上，即财产分布的中下端，从事个体经营/私营的家庭财产水平高于不从事个体经营/私营的家庭；在中间段两条曲线基本重合；在中高端没有从事个体经营/私营活动的家庭财产水平反而略高于从事个体经营/私营活动的家庭；但在财产分布的最顶端，从事个体经营/私营的家庭财产水平反过来又超过了不从事个体经营/私营的家庭。这再次反映对家庭财产水平的分析有必要考虑财产分布。

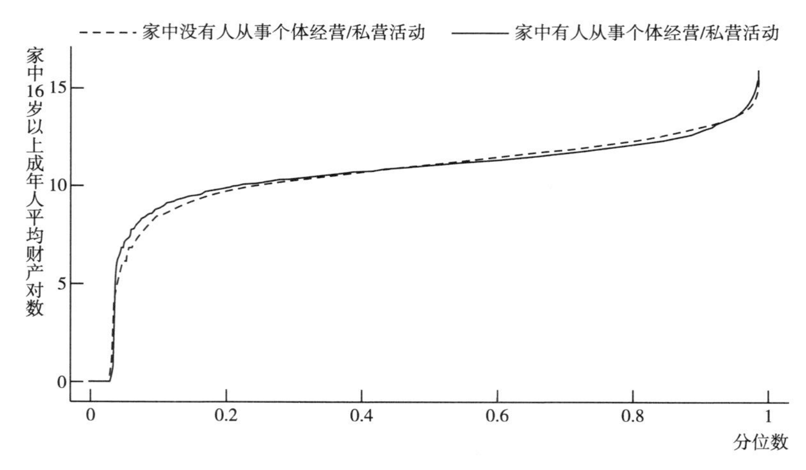

图 5-7　是否从事个体经营/私营活动的财产分位数曲线（城市）

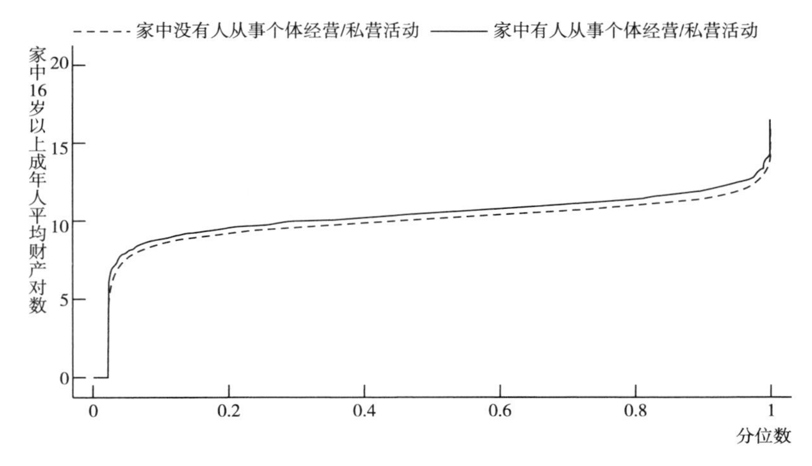

图 5-8 是否从事个体经营/私营活动的财产分位数曲线（农村）

不过农村家庭呈现了完全不同于城市的模式。在农村家庭中，有个体经营/私营活动的家庭的财产水平始终高于没有个体经营/私营活动的家庭。说明个体经营/私营活动在农村家庭中对提高财产水平始终起着重要作用。

5.5 均值回归结果分析

上一部分初步描述了制度性因素和市场性因素可能对家庭财产水平产生的影响，并发现城市和农村存在差异，财产与收入的影响机制也可能存在差异。进一步，本研究想探索在控制其他变量的情况下这两个因素的独立影响。所以，利用传统的条件均值估计，使用多元线性回归模型分别对财产和收入进行分析。

5.5.1 城市平均值回归结果

（1）制度性因素对财产和收入的不同影响

表 5-5 给出了对财产与收入作回归分析的结果，用几个关键变量测量了制度性因素对财产和收入的影响。结果显示，工作单位类型（是否在政府部门/事业单位工作）对家庭财产水平的影响系数大于对收入的影响系数，不过这种差异并没有通过显著性检验。行政/管理职务的系数财产显著高于收入（见表 5-5

的“系数显著性检验”）。

把工资性收入纳入财产模型，结果显示（见图 5-9），收入可以解释其中一部分差异，但不能完全解释财产的差异，工作单位仍然显著地影响家庭财产水平。这说明工作单位类型除了通过工资影响家庭的财产水平外，还存在其他途径。

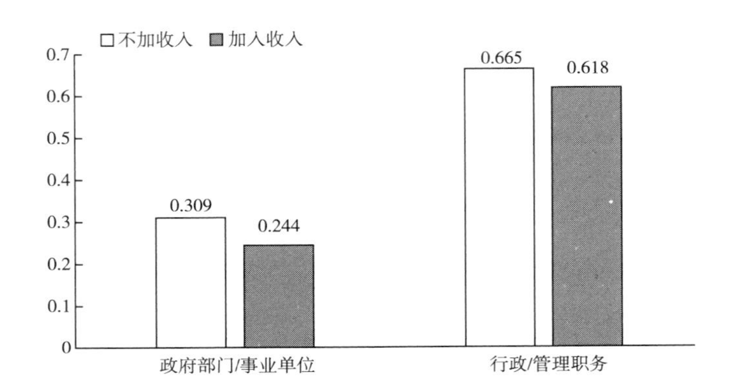

图 5-9　加入工资性收入后系数的变化（城市）

说明：为了节约篇幅，此处省去了其他变量的结果。完整回归结果见附录中表 9-1。

（2）制度性因素和市场性因素①对家庭财产的不同影响

通过回归模型分析，我们可以量化制度性因素和市场因素对家庭财产的不同影响。受教育水平对家庭财产水平有显著的正影响，教育年限每增加一年，财产水平可以提高 9%。类比到工作单位的回报，有成员在政府部门/事业单位工作的家庭其财产比其他家庭高出 36.2%，相当于多接受 3.4 年的教育。工作单位充分显示了体制内资源在获得经济资源上的优势（见表 5-5）。

---

① 将市场性因素和制度性因素（如工作单位和个体经营/私营）放在同一个模型中回归，存在两类因素重合的情况，如在政府部门/事业单位工作又有个体经营/私营的情况，但实际上，这类家庭所占的比例非常小，仅为 0.9%（城市），对结论基本没有影响。为了进行验证，将工作单位与个体经营/私营情况交互，得到非政府部门/事业单位工作并且没有参与市场经济活动（参照类）、政府部门/事业单位工作、个体经营/私营但是没有政府部门/事业单位工作和两类均有的家庭，那么第二类与参照类比较得到的是净制度性因素的作用，第三类与参照类比较则是净市场因素的作用，结果发现跟两个变量单独存在模型没有差异。党员变量也一样。考虑到制度性因素有两个变量，市场因素也有两个变量，为了简化模型，这里采用各个变量分别存在于模型的做法。

表 5-5　财产与收入的多元线性回归结果对比（城市）

	财产		收入		系数显著性检验
	系数	标准误	系数	标准误	卡方值和显著性
年龄	0.034	0.021	-0.010	0.008	—
年龄的平方	-0.000	0.000	0.000	0.000	—
家中是否有 15 岁及以下的孩子					
是	0.205*	0.082	0.202***	0.033	—
家庭结构（参照类：三代成年人同住）					
两代成年人同住	-0.018	0.121	0.126**	0.044	—
一代成年人	0.287	0.188	0.176*	0.070	—
其他	-0.022	0.330	0.223*	0.105	—
家庭规模	0.110	0.094	-0.083*	0.035	—
家庭规模的平方	-0.012	0.008	-0.000	0.003	—
家中是否有退休老年人					
是	0.047	0.103	0.456***	0.050	—
是否流动人口家庭					
是	-0.731***	0.191	0.159**	0.050	—
受教育年限	0.090***	0.015	0.071***	0.005	2.11
家中是否有人在政府部门/事业单位工作					
是	0.309**	0.114	0.238***	0.029	0.42
是否有行政/管理职务					
是	0.665***	0.107	0.376***	0.032	8.64**
家中是否有党员					
是	0.264**	0.082	0.115***	0.031	3.6+
是否参与个体经营/私营					
是	0.309**	0.094	0.245***	0.033	0.51
县级人均 GDP 的对数	0.462***	0.105	0.203***	0.027	8.12**
常数	3.287**	1.173	6.679***	0.361	
样本量	6320		6320		
R^2	0.092		0.303		

注：(1) *** $P<0.001$, ** $P<0.01$, * $P<0.05$, $+P<0.1$;

(2) 家庭结构中的“其他”包括成年兄弟姐妹同住家庭、成年孙子女跟祖父母居住的家庭等;

(3) 标准差在县级层次聚类;

(4) 系数显著性检验使用看似不相关回归检验结果。

进一步，为了突出制度性因素和市场性因素在对家庭财产的影响中各自的特点，将财产分为住房资产（现住房和其他房产之和）和非住房资产（金融资产、生产性固定资产、耐用消费品），分别分析制度性因素和市场性因素的影响。表5-6给出对这两类不同财产做 Tobit 回归分析的结果。结果显示，制度性因素（工作单位类型）对住房资产和非住房资产都有显著的影响，在对两类资产的影响强度上没有显著的差异（见表5-6的系数差异显著性检验）。同时，市场因素（受教育年限和个体经营/私营）也对两类资产产生了显著的影响，然而，不同的是，与住房资产相比，受教育年限和个体经营/私营对非住房资产的影响更大，如表5-6所示，受教育年限对住房资产的影响系数是0.108，而对非住房资产的影响系数是0.183；个体经营/私营对住房资产的影响系数为0.332，对非住房资产的影响则高达0.842，并且这种差异是显著的。这反映了在市场经济快速发展的当今中国，市场效率因素对非住房资产的积累至关重要。

表5-6 分财产类型的 Tobit 回归结果（城市）

	住房资产		非住房资产		系数差异显著性检验
	系数	标准误	系数	标准误	卡方值和显著性
年龄	0.181***	0.051	-0.035	0.030	—
年龄的平方	-0.001**	0.001	0.001+	0.000	—
家中是否有15岁及以下的孩子					
是	-0.065	0.159	0.622***	0.139	—
家庭结构（参照类：三代成年人同住）					
两代成年人同住	0.091	0.212	0.095	0.244	—
一代成年人	0.550	0.350	0.452	0.315	—
其他	-1.507+	0.814	0.601	0.618	—
家庭规模	0.747***	0.222	-0.167	0.161	—
家庭规模的平方	-0.056**	0.020	-0.019	0.015	—
家中是否有退休老年人					
是	-0.387	0.236	0.579***	0.172	—
家中是否有流动人口					
是	-2.685***	0.419	0.292	0.232	—
受教育年限	0.108***	0.028	0.183***	0.022	5.05*

续表

	住房资产		非住房资产		系数差异显著性检验
	系数	标准误	系数	标准误	卡方值和显著性
家中是否有人在政府部门/事业单位工作					
是	0.402+	0.228	0.373*	0.184	0.01
是否有行政/管理职务					
是	0.836***	0.171	0.919***	0.155	0.12
家中是否有党员					
是	0.658**	0.206	0.407**	0.156	0.87
是否参与个体经营/私营					
是	0.332+	0.177	0.842***	0.161	4.47*
家庭收入对数	0.060+	0.032	0.100***	0.021	1.19
县级人均 GDP 对数	0.321+	0.177	0.434***	0.11	0.55
常数	-2.871	2.040	0.195	1.421	—
样本量	6320		6320		

注：同表 5-5。

同时，单独看住房资产的回归模型，我们发现，制度性因素的作用较大（政府部门/事业单位对应的回归系数是 0.402），市场因素的作用较小（个体经营/私营对应的回归系数是 0.332）。单独看非住房资产模型，则结果恰好相反，个体经营/私营的影响系数很大，达到了 0.842，政府部门/事业单位为 0.373。这充分显示了制度性因素在住房资产积累中的重要作用和市场因素在非住房资产积累中的重要作用。

（3）制度性因素影响的内部异质性

单独的行政/管理职务变量并不能代表体制性资源，但是与工作单位相结合后却能充分体现出体制内部的资源差异——可以看到，在政府部门/事业单位工作的管理者在财产上的优势。表 5-7 显示，在两类工作单位内部也存在着较大的异质性，表现为，有管理职务的家庭财产水平远高于没有管理职务的家庭。四类家庭财产水平从高到低排列依次为：在政府部门/事业单位工作的管理者、在非政府部门/事业单位工作的管理者、在政府部门/事业单位工作的非管理者、在非政府部门/工作单位工作的非管理者。这说明，工作单位内部家庭财产水平也是有异质性的，依据职业地位的不同而不同。作为一种体制性资源——进入政府部门/事业单位工作可以带来财产优势，但其中享有最大优势的是管理者，在控制其他因素的条件下，其比在政府部门/事业单位工作的非管理者财产水平高 54.1%[①]。总体而言，管理者的财产水平高于非管理者，而在政府部门/事业单位工作的管理者家庭财产水平是最高的，而且管理者的财产优势远高于个体经营/私营企业者的财产优势[②]。

表 5-7　工作单位与管理职务相结合后的回归结果（城市）

变量	系数	标准差
年龄	0.033	0.022
年龄的平方	-0.000	0.000
家中是否有 15 岁及以下的孩子		
是	0.214*	0.082
家庭结构（参照类：三代成年人同住）		
两代成年人同住	-0.011	0.120
一代成年人	0.336+	0.188
其他	0.008	0.326
家庭规模	0.096	0.093
家庭规模的平方	-0.012	0.008
家中是否有退休老年人		
是	0.058	0.105
是否流动人口家庭		
是	-0.752***	0.191
受教育年限	0.089***	0.015
政府部门/事业单位与行政/管理职务相结合（参照类：非政府部门/事业单位的非管理者）		
政府部门/事业单位的管理者	0.736***	0.175
非政府部门/事业单位的管理者	0.581***	0.121
政府部门/事业单位的非管理者	0.304*	0.131
家中是否有党员		
是	0.277***	0.082
是否参与个体经营或私营		
是	0.253**	0.095

① 计算方法：[exp（0.736）-exp（0.304）］/ exp（0.304）

② 回归系数标准化以后，政府部门/事业单位管理者对应的回归系数高于个体经营/私营的回归系数。

续表

变量	系数	标准差
工资性收入对数	0.058 ***	0.014
县级人均 GDP 的对数	0.439 ***	0.106
常数	3.027 *	1.168
样本量	6320	
R^2	0.095	

注：同表 5-5。

（4）其他结构性因素对家庭财产的影响

接下来，本部分想讨论中国背景下几个重要的结构性因素对房产产生的影响。第一个因素是区域差异。在中国，不仅收入存在着较大的区域差异，财产也存在巨大的区域差异。根据 Xie 和 Jin（2015）的研究结果，中国各省份之间在财产水平、财产不平等程度上都存在很大的差异，分解后，省际财产差异能够解释财产总差异的 20%以上。表 5-5 的回归结果显示，县级经济发展水平显著影响了家庭财产水平，而且区域对财产水平的作用显著高于对收入水平的作用。区域差异在中国财产分配差距中起着重要作用。

第二个结构性因素是中国特殊制度下出现的，即以户口制度为主的城乡二元分割下存在的流动人口。本研究结果和其他一些研究均表明，流动人口在收入上与本地人没有显著差异（Zhou，2014），甚至还高于本地人口（周皓等，2013）。然而，城市中的流动家庭在财产积累上处于明显的劣势，在控制其他变量条件下，流动家庭的财产水平是非流动家庭的 48%。显然，绝大部分流动人口没有能力在城市买房，在住房资产上远低于本地人。同时，在消费支出中，有一部分收入用于租房支出，减少了储蓄。流动人口也更不容易在金融市场投资。所以，从财产角度看，流动人口处在非常不利的劣势地位。这也为以后研究流动人口经济融入提供了一个新的视角，除了关注收入外，更应该关心流动人口的家庭财产。

最后，简要讨论一下其他控制变量对财产水平的影响（见表 5-5）。从方向上看，年龄对财产水平的影响呈“倒 U 形”，但是年龄和年龄的平方影响都不显著。解释中国的这种现象特别需要谨慎，一些研究用生命周期理论解释这种“倒 U 形”现象，但需要注意的是，中国在 1978 年改革开放以后才出现了私有财产的积累，并且在 90 年代经历了住房私有化改革。如果将中国人口分为三个年龄组——老年组、中年组和青年组，老年组中较年轻的老年人可能通过私有化经济和福利分房积累了一定的资产，但年龄越大的老年人积累财产的可能性越小；而中年组都经历了市场经济改革和住房改革，积累了大量财产；青年组则是刚刚进入工作岗位，还没有足够的时间积累财产，而且没有赶上福利分房的时代。所以“倒U形”模式可能只是反映了不同年龄队列的差异，并不足以验证财产积累的生命周期理论。验证生命周期理论，需要长期追踪数据，如果使用截面数据，各个年龄队列所经历的财产积累过程应该类似，这样才能用时期数据以假定队列的方法模拟人的一生的财产积累过程。

从家庭结构看，家庭结构类型和家庭规模对财产水平并没有独立的显著影响，不过有15岁及以下孩子的家庭财产要明显高于其他家庭，这些家庭一是收入高于其他家庭，二是可能为了孩子未来的教育而增加储蓄、减少其他消费。

5.5.2 农村平均值回归结果

农村的财产结构与城市有较大的差异。农村家庭中在政府部门/事业单位工作的比例非常低，不能很好地代表农村的体制性资源，所以在农村不考虑在政府部门/事业单位工作变量。将行政/管理职务细分到市场部门和公共部门后，公共部门的管理者体现的是制度因素，市场部门的管理者则反映的是市场因素。

在控制了其他变量后，家中有管理者显著地提高了家庭财产水平和家庭收入水平，而且对财产的影响更大，与没有管理者的家庭相比，有管理者的家庭财产水平提高了50.8%。代表市场性因素的教育和个体经营/私营情况也对农村家庭财产水平具有显著的影响作用，参与个体经营/私营能够将家庭财产水平提高20%。受教育年限每增加一年，家庭财产水平提高6%。不过，在农村教育对财产的影响低于城市（见表5-8）。

表5-8 财产和收入的多元线性回归结果（农村）

	财产		收入	
	系数	标准误	系数	标准误
年龄	0.087***	0.021	0.046***	0.009
年龄的平方	-0.001***	0.000	-0.001***	0.000
家中是否有15岁及以下的孩子				
是	0.233***	0.051	0.203***	0.028

续表

	财产		收入	
	系数	标准误	系数	标准误
家庭结构（参照类：三代成年人同住）				
两代成年人同住	-0.053	0.057	0.065	0.042
一代成年人	0.045	0.113	0.011	0.075
其他	-0.037	0.452	-0.052	0.146
家庭规模	-0.057	0.046	-0.029	0.02
家庭规模的平方	-0.001	0.002	-0.001	0.001
家中 60 岁及以上的老年人数	-0.007	0.309	-0.578 *	0.006
家中是否有外出打工人员				
是	-0.138 +	0.070	-0.116 ***	0.034
受教育年限	0.063 ***	0.013	0.052 ***	0.006
是否有行政/管理职务				
是	0.411 ***	0.083	0.277 ***	0.046
家中是否有党员				
是	-0.030	0.076	0.171 ***	0.034
是否参与个体经营/私营				
是	0.183 *	0.086	0.27 ***	0.040
县级人均 GDP 的对数	0.358 ***	0.076	0.239 ***	0.036
常数	4.287 ***	0.945	5.479 ***	0.388
样本量	6917		6917	
R^2	0.064		0.224	

注：同表 5-5。

将行政/管理职务进一步分解后发现，事实上，行政/管理职务的真正优势来源于市场部门，市场部门的管理者家庭财产水平明显高于没有管理者的家庭，而公共部门的管理者家庭财产水平与非管理者家庭没有显著的差异。而且，农村中个体经营带来的财产优势和市场部门管理者的财产优势能够被收入差异解释，加入家庭收入后，这两个变量不再显著（见表 5-9）。

表 5-9　加入收入变量后的多元线性回归结果（农村）

变量	不加收入		加入收入	
	系数	标准误	系数	标准误
年龄	0.087***	0.021	0.044*	0.021
年龄的平方	-0.001***	0.000	-0.000	0.000
家中是否有 15 岁及以下的孩子				
是	0.228***	0.052	0.255***	0.051
家庭结构（参照类：三代成年人同住）				
两代成年人同住	-0.061	0.058	-0.039	0.056
一代成年人	0.039	0.114	0.103	0.107
其他	-0.040	0.452	-0.115	0.449
家庭规模	-0.052	0.046	-0.119*	0.046
家庭规模的平方	-0.001	0.003	0.002	0.003
家中是否有退休老年人				
是	0.070	0.308	0.119	0.352
家中是否有外出打工人员				
是	-0.130+	0.069	-0.108	0.068
受教育年限	0.065***	0.012	0.051***	0.012
行政/管理职务（参照类：无）				
市场部门管理者	0.390*	0.179	0.279	0.173
公共部门管理者	-0.039	0.288	-0.095	0.285
是否参与个体经营/私营				
是	0.179*	0.086	0.133	0.087
收入对数	—	—	0.175***	0.023
县级人均 GDP 的对数	0.358***	0.076	0.341***	0.076
常数	4.265***	0.949	3.850***	0.911
样本量	6917		6917	
R^2	0.062		0.091	

注：收入为农业收入与工资性收入之和，不包括非农经营性收入、财产性收入、转移性收入等。其他同表 5-5。

在农村家庭财产的分类与城市有所不同，因为农村的土地资产和住房都是不参与市场买卖的，前者的价值通过农业收入估计，后者的价值也是被访者自己估计。农村中真正参与到市场、可以进行转赠、代际转移的资产是金融资产。所以把农村的财产分为金融资产和非金融资产更有实际意义。从表 5-10 可以看出，农村中，基层管理职务对是否有金融资产有显著的影响，同时，在有金融资产的家庭中，有市场部门管理者的家庭显著高于没有任何管理部门管理者的家庭（$p<0.1$），有个体经营/私营的家庭财产水平显著高于没有个体经营/私营的家庭（$p<0.001$）。在非金融资产中，依然是有市场部门管理者的家庭和有个体经营/私营的家庭财产水平显著高。

表 5-10　分财产类型的多元线性回归结果（农村）

	是否有金融资产（1=是，0=否）		金融资产大于 0		非金融资产	
	系数	标准误	系数	标准误	系数	标准误
年龄	1.008	0.018	0.039	0.026	0.090***	0.018
年龄的平方	1.000	0.000	-0.000	0.000	-0.001***	0.000
家中是否有 15 岁及以下的孩子						
是	1.245**	0.091	0.373***	0.085	0.182***	0.040
家庭结构（参照类：三代成年人同住）						
两代成年人同住	0.986	0.110	-0.145	0.116	0.003	0.041
一代成年人	0.890	0.165	-0.209	0.218	0.103	0.100
其他	0.964	0.337	-0.250	0.624	0.303	0.255
家庭规模	0.940	0.053	-0.334***	0.076	-0.008	0.033
家庭规模的平方	1.001	0.004	0.012*	0.005	-0.003+	0.002
家中 60 岁以上老年人数	1.087	0.067	-0.071	0.073	-0.052	0.033
家中是否有流动人口						
是	0.866*	0.058	-0.253**	0.079	-0.194***	0.053
受教育年限	1.077***	0.015	0.065***	0.014	0.055***	0.011
行政/管理职务（参照类：无）						
市场部门管理职务	2.036**	0.539	0.514+	0.261	0.274*	0.128
公共部门管理职务	1.575+	0.391	0.013	0.178	-0.015	0.214
家中是否有党员						
是	1.278**	0.103	0.156+	0.087	0.074	0.058
是否参与个体经营/私营						
是	1.753***	0.144	0.489***	0.082	0.218**	0.065

续表

	是否有金融资产（1=是，0=否）		金融资产大于0		非金融资产	
	系数	标准误	系数	标准误	系数	标准误
县级人均GDP对数	1.244**	0.099	0.327***	0.049	0.328***	0.065
常数	0.046**	0.044	4.359***	0.766	4.600***	0.824
样本量	6917		2498		6917	
R^2	0.04		0.140		0.097	

注：同表5-5。

总体而言，在农村，市场因素——个体经营/私营、在市场部门任管理职务在家庭财产积累中发挥着非常重要的作用。市场转型理论一开始提出及其之后的一些实证依据都来源于农村数据，但可以看到，对于财产积累而言，农村中制度性因素直接干预和参与的情况远不如城市多。整体来看，在对家庭财产作用上，农村中市场性因素作用大于制度性因素的作用。

控制变量中，农村的回归结果与城市有几个小的差异。一是财产水平开始下降的年龄小于城市，为44岁。农村与城市不同，主要靠收入消费差积累财产，并没有福利分房这样的外界因素直接影响，所以可以将2010年各个年龄队列作为某一个假想队列，推测其在一生中经历的财产积累过程，反映生命周期理论。农村中，财产水平开始下降的年龄为44岁，这与农村的职业结构有关，农业活动多靠体力，农业从事者随着年龄增大，体力下降，能够从农业活动中获得的收入也随之下降，较早地开始消费年轻时积累的财产。家中有外出打工人员的家庭在财产水平上低于没有外出打工人员的家庭，这里面的因果关系较为复杂，可能是因为较为贫穷的家庭更容易外出打工，所以仅通过这个变量无法看出流动本身对财产积累的影响，只能作为控制变量，区分两类家庭。与城市一致，区域发展水平的差异也是农村家庭财产水平的重要因素。

5.5.3 区域差异

第4章数据结果显示，中国家庭财产分配模式的区域差异非常大，不同地区在财产水平、结构、分布上都存在很大的不同。那么，不同的区域，其家庭财产水平的影响机制是否一样呢？制度性因素和市场性因素在不同的区域对家庭财产的影响是否相同？以往有大量的文献研究收入的影响机制的区域差异，一般采用的方法是对不同区域分别构建模型，比较回归系数的差异，或者是利用多层线性模型探讨微观影响因素如何随社会情境的变化而变化（Xie and Hannum，1996；Hauser and Xie，2005）。Xie 和 Hannum（1996）发现，经济发展水平越高的地区，教育和工作年限的回报率越低，但是经济发展水平高低并不影响性别与收入之间的关系。

制度性因素和市场性因素对家庭财产的影响是否因区域的不同而不同呢？有理想数据的情况下，多层线性模型能很好地展现制度性因素和市场性因素对家庭财产水平的影响如何随着宏观环境的变化而变化，但由于拥有体制性资源的人（如政府部门/事业单位工作者）比例本身偏低，分配到县级区域甚至省级后相应的人数非常少，不适合多层分析。所以，本部分采用五个具有自代表性省份的数据，直接进行对比分析。

五个省份分别是辽宁、上海、河南、广东和甘肃。结果显示，几个省份之间并没有表现出特定的规律和模式。有意思的是，在控制了其他变量（包括工资性收入）的条件下，上海市的制度性因素和市场性因素都对家庭财产水平产生非常大的影响，其中，在政府部门/事业单位工作能够将家庭财产水平提高 1.1 倍，参与个体经营/私营的家庭则比不参与的家庭财产水平高 1.6 倍，受教育年限每增加一年，家庭财产水平可以提高 7.8%，这几个系数远远高于全国平均水平。[①] 这间接反映了在特大城市地区制度性因素和市场性因素共存的现象，获得经济资源有两条途径，一是通过体制优势，二是通过市场途径。

5.6　分位数回归结果分析

从条件均值上看，与收入相比，制度性因素对财产的作用更大。但是，我们并不知道，制度性因素和市场性因素对财产水平的影响是如何随着分布的变化而变化的。在描述分析部分发现，各群体之间的财产水平差异随着分布的变化呈现出了不同。那么在控制其他可能的影响因素后，制度性因素和市场性因素如何独

① 鉴于省份对比没有表现出明显的规律和模式，为节约篇幅，这里不呈现回归结果。各省结果见附录表 9-2。

立产生影响？随着分布的不同，其影响模式有何变化？本部分采用分位数回归回答上述问题。

5.6.1 城市分位数回归结果

受教育年限对财产水平的影响结果显示，在低分位数上，每增加一年教育对财产水平的影响更大。不过，整体而言，与以往的研究一致的是，教育无论是对财产还是对收入，影响都较小。对另外一个代表市场因素的变量——家中是否有成员参与个体经营/私营——在财产分布的两端影响较大，中间相对较小，不过自始至终都对家庭财产水平产生显著的正向影响。

对于制度性因素而言，在影响模式上随着分布的变化也出现了不同。在政府部门/事业单位工作对家庭财产水平的影响随着财产分布的不同而不同。与成员在非政府部门/事业单位工作的家庭相比，在25%上，有在政府部门/事业单位工作的成员的家庭其财产水平比其他家庭高出45.6%，在中位数上，其财产优势是27.6%；在75%上，该比例降为17.5%；而到了90%上，财产优势已经不存在了，两类家庭财产没有显著的差异。所以，在政府部门/事业单位工作的财产优势主要体现在中下端。为了更形象地展示工作单位对家庭财产水平的影响随分布的变化而变化，图5-10呈现了从10%~90%的九个整数分位数上政府部门/事业单位工作的影响系数的变化，可以明显地观察到系数随着分位数的上升而下降的趋势。

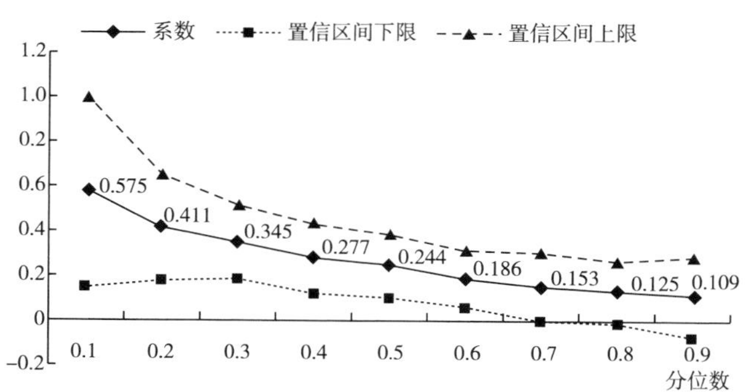

图5-10 各个分位数上家中是否有人在政府部门/事业单位工作的回归系数（城市）

对于直接体现市场性因素的变量——是否参与个体经营/私营在整个分布上始终对家庭财产水平有明显的影响。但是与工作单位性质相比，影响模式有所变化（见图 5-11）。在 25%和 50%的分位数上，在政府部门/事业单位工作的影响大于个体经营/私营的作用；随着分位数往上推移，在政府部门/事业单位工作的作用渐渐下降，转而小于个体经营/私营的作用。在财产分布的顶端（90%和 95%），是市场因素而非制度因素在起作用。这恰好验证了第 2 章在理论部分提到的“混合途径理论”（Xie and Jin，2015），对于城市普通工薪阶层家庭，拥有体制优势可以直接获得一些经济资源，比如福利分房；而对于顶部富裕人群，市场手段是积累财产的重要途径。通过体制获得财产优势是普通家庭的财产积累途径，但参与私营经济却是获得巨额财富的途径，这就是为什么在财产分布的顶端，工作单位失去了优势，而个体经营/私营却表现出了极大的财产优势。受数据限制，无法对顶部 1%甚至是 0.1%的家庭进行分析，根据目前的富豪排行榜和新闻报道，这类极富人群更多地是通过企业经营积累财产。

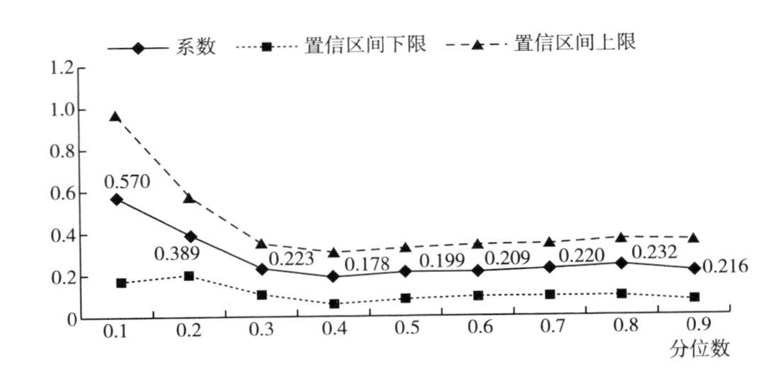

图 5-11　各个分位数上家中是否有个体经营/私营的回归系数（城市）

从与收入的对比结果看，仍然是在中低分位数分布上，工作单位的财产优势明显，在高分位数上，反而是工作单位的收入优势更明显。

另外，区域发展水平的差异——模型中县级人均 GDP 的对数对城市家庭财产水平有着非常大的影响，而且对越富裕的家庭影响越大，这意味着各地发展水平不同，财产的分配模式也是不一样的，各区域最富裕的人群财产水平也存在较大差异，全国的极富人群一般集中在最发达的地区。而且，区域差异对财产的影响大于对收入的影响，在各个分位数上，区域发展水平对家庭财产的影响都大于对收入的影响。

通过以上结果，可以得出以下几个结论。

第一，尽管从平均值角度看，体制性资本的财产优势远远大于收入优势，但这种影响并不是均匀分布的，也就是说，在财产/收入分布的不同分位数点上，影响模式并不一样。在中位数以下的分布上，体制性资本的财产优势明显高于收入优势。而在中位数及以上的分布上，体制性资本的财产优势减弱，并且逐渐弱于对收入的作用。这反映了体制带来的财产优势极大地体现在财产分布的中下端家庭上，实际上体现了不同类型的家庭财产积累方式的不同。财产分布中位数及以下的家庭，制度性因素对财产的影响远远高于收入，这主要是因为这些家庭的财产优势主要来源于住房福利、消费低以及投资好带来的收入积累。而在财产分布的顶端，即对于富裕的家庭，财产的积累可能更多的是通过市场手段，比如投资、市场经营。虽然制度性因素在各个分位数上对收入都有明显的正向作用，但对财产并不如此，在财产分布的顶端，拥有体制性资源的家庭的收入优势并没有转化为财产优势，富裕的家庭更多地依赖市场手段积累财产。

第二，单独看制度性因素对财产水平影响随分位数的变化，可以看出制度性因素的影响随着分位数的上升而减弱，到财产分布的顶端，制度性因素的作用消失了，说明制度性因素对经济条件一般或更差的家庭更有用。相反，代表市场效率的指标之一——教育则始终有着显著的影响，代表市场效率的另一指标——参与个体经营/私营则随着分布点的上升影响在加强，说明在财产分布的顶端，市场因素逐渐替代制度性因素成为影响财产水平的主要因素。这反映了中国城市家庭财产积累的“混合途径”——普通家庭依靠体制性资源积累财富，极富家庭依靠市场手段积累财富（Xie and Jin，2015）。

5.6.2 农村分位数回归结果

与城市一样，在农村是否从事管理工作会显著影响家庭财产水平，有行政/管理职务成员的家庭其财产水平会明显高于没有行政/管理职务的家庭，但在上文条件均值回归结果中发现，管理职务的优势主要来源于市场部门，遗憾的是，由于农村中有管理者的家庭数量较少，无法通过分位数回归分析进一步探索其背后的分布模式。与收入结果对比发现，有行政/管理职务的家庭的财产优势应该来源于其收入优势。

表 5-11　分位数回归模型（城市）

	Q25				Q50				Q75				Q90			
	财产		收入		财产		收入		财产		收入		财产		收入	
	系数	标准误	系数	标准误	系数	标准误	系数	标准误	系数	标准误	系数	标准误	系数	标准误	系数	标准误
年龄	0.049*	0.024	-0.018+	0.010	0.032+	0.017	-0.013+	0.007	0.034*	0.013	-0.011	0.008	0.029+	0.015	-0.013	0.009
年龄的平方	-0.000	0.000	0.000	0.000	-0.000	0.000	0.000+	0.000	-0.000	0.000	0.000*	0.000	-0.000	0.000	0.000+	0.000
家中是否有 15 岁及以下的孩子																
是	0.246**	0.076	0.243***	0.037	0.306***	0.046	0.228***	0.032	0.213***	0.053	0.182***	0.033	0.111*	0.049	0.174***	0.042
家庭结构（参照类：三代成年人同住）																
两代成年人同住	0.025	0.123	0.070	0.057	0.026	0.082	0.114*	0.051	0.111	0.089	0.142**	0.044	0.062	0.136	0.189***	0.056
一代成年人	0.237	0.206	0.168+	0.094	0.114	0.119	0.192**	0.069	0.110	0.126	0.120+	0.070	0.163	0.145	0.138+	0.080
其他	-0.462	0.675	0.197	0.170	-0.219	0.248	0.186*	0.092	0.099	0.262	0.171+	0.096	-0.221	0.188	0.351*	0.137
家庭规模	0.082	0.200	-0.083	0.069	-0.156**	0.060	-0.127***	0.038	-0.220**	0.076	-0.132***	0.032	-0.200*	0.080	-0.233***	0.042
家庭规模的平方	-0.013	0.022	-0.000	0.006	0.005	0.004	0.004	0.004	0.012	0.007	0.003	0.002	0.014+	0.007	0.013***	0.004
家中是否有退休老年人																
是	0.048	0.099	0.487***	0.056	0.110	0.082	0.358***	0.050	0.123+	0.070	0.283***	0.039	0.112	0.073	0.224***	0.053
是否流动人口家庭																

续表

	Q25				Q50				Q75				Q90			
	财产		收入		财产		收入		财产		收入		财产		收入	
	系数	标准误	系数	标准误	系数	标准误	系数	标准误	系数	标准误	系数	标准误	系数	标准误	系数	标准误
是	-1.163***	0.353	0.135*	0.066	-0.461*	0.212	0.175***	0.045	-0.220	0.143	0.186**	0.059	0.017	0.104	0.184**	0.070
受教育年限	0.103***	0.014	0.076***	0.005	0.082***	0.011	0.070***	0.005	0.060***	0.011	0.063***	0.003	0.052***	0.011	0.056***	0.006
家中是否有人在政府部门/事业单位工作																
是	0.376***	0.097	0.227***	0.039	0.244***	0.074	0.223***	0.032	0.161*	0.067	0.176***	0.036	0.109	0.092	0.126**	0.039
是否有行政/管理职务																
是	0.489***	0.091	0.340***	0.040	0.476***	0.062	0.324***	0.034	0.490***	0.074	0.325***	0.034	0.384**	0.117	0.391***	0.042
家中是否有党员																
是	0.164*	0.079	0.106**	0.035	0.082	0.056	0.118***	0.032	0.039	0.050	0.152***	0.036	0.048	0.065	0.166***	0.039
是否参与个体经营/私营																
是	0.277***	0.072	0.151***	0.041	0.199**	0.064	0.174***	0.034	0.210**	0.067	0.222***	0.040	0.216**	0.073	0.329***	0.051
县人均 GDP 对数	0.392***	0.112	0.208***	0.032	0.445***	0.079	0.204***	0.027	0.526***	0.073	0.207***	0.022	0.565***	0.062	0.217***	0.026
常数	3.410*	1.340	6.397***	0.468	4.907***	0.956	6.845***	0.334	5.061***	0.801	7.243***	0.289	5.480***	0.726	7.800***	0.403
样本量	6320		6320		6320		6320		6320		6320		6320		6320	
R^2	0.087		0.301		0.086		0.298		0.078		0.293		0.071		0.281	

注：同表 5-5。

表 5-12　分位数回归模型（农村）

	Q25				Q50				Q75				Q90			
	财产		收入		财产		收入		财产		收入		财产		收入	
	系数	标准误	系数	标准误	系数	标准误	系数	标准误	系数	标准误	系数	标准误	系数	标准误	系数	标准误
年龄	0.100***	0.021	0.061***	0.010	0.056***	0.011	0.062***	0.009	0.040**	0.013	0.041***	0.012	0.009	0.025	0.021*	0.010
年龄的平方	-0.001***	0.000	-0.001***	0.000	-0.001***	0.000	-0.001***	0.000	-0.000**	0.000	-0.000***	0.000	-0.000	0.000	-0.000*	0.000
家中是否有 15 岁及以下的孩子																
是	0.209***	0.062	0.222***	0.031	0.262***	0.038	0.189***	0.030	0.241***	0.033	0.174***	0.028	0.260***	0.056	0.171***	0.033
家庭结构（参照类：三代成年人同住）																
两代成年人同住	0.004	0.061	0.010	0.050	-0.009	0.047	0.069	0.050	0.081	0.051	0.087*	0.043	0.094	0.087	0.069	0.047
一代成年人	0.169	0.115	0.002	0.107	0.089	0.083	0.081	0.079	0.208*	0.104	0.108	0.077	0.280*	0.142	0.136	0.097
其他	0.149	0.401	0.103	0.127	0.258+	0.153	0.163	0.154	0.279	0.683	0.158	0.120	0.870*	0.407	-0.060	0.181
家庭规模	-0.036	0.063	-0.043+	0.023	-0.073**	0.025	-0.039	0.049	-0.092+	0.053	-0.037	0.045	-0.210***	0.049	-0.038	0.030
家庭规模的平方	-0.002	0.005	-0.000	0.001	-0.001	0.001	-0.000	0.004	0.001	0.005	-0.001	0.004	0.012***	0.003	-0.000	0.002
家中 60 岁及以上老年人数	-0.051	0.039	-0.051	0.036	-0.080***	0.023	-0.055*	0.026	-0.071**	0.027	-0.069*	0.028	-0.087+	0.050	-0.052+	0.031

续表

	Q25				Q50				Q75				Q90			
	财产		收入		财产		收入		财产		收入		财产		收入	
	系数	标准误	系数	标准误	系数	标准误	系数	标准误	系数	标准误	系数	标准误	系数	标准误	系数	标准误
家中是否有流动人口																
是	-0.159**	0.058	-0.096*	0.048	-0.203***	0.037	-0.051	0.036	-0.138***	0.039	-0.063+	0.034	-0.139*	0.061	-0.150***	0.041
受教育年限	0.068***	0.012	0.063***	0.007	0.051***	0.008	0.051***	0.006	0.050***	0.009	0.053***	0.005	0.038**	0.013	0.056***	0.006
是否有行政/管理职务																
是	0.156+	0.094	0.243***	0.071	0.238***	0.059	0.287***	0.047	0.212**	0.073	0.288***	0.039	0.344***	0.098	0.387***	0.092
家中是否有党员（参照类：否）																
是	-0.022	0.077	0.138***	0.041	0.105*	0.049	0.132***	0.038	0.040	0.048	0.121**	0.040	0.037	0.066	0.139*	0.056
是否参与个体经营/私营																
是	0.138	0.086	0.233***	0.056	0.177**	0.061	0.184***	0.041	0.248***	0.063	0.208***	0.043	0.366***	0.116	0.248***	0.050
县级人均 GDP 的对数	0.282***	0.070	0.234***	0.046	0.326***	0.064	0.252***	0.032	0.423***	0.085	0.219***	0.025	0.481***	0.074	0.211***	0.032
常数	4.371***	0.995	4.601***	0.509	5.799***	0.712	4.810***	0.350	5.609***	0.795	5.933***	0.306	6.580***	0.659	6.900***	0.386
样本量	6917		6917		6917		6917		6917		6917		6917		6917	
R^2	0.058		0.200		0.059		0.201		0.057		0.195		0.046		0.182	

注：同表 5-5。

同时，回归结果显示，家庭是否从事个体经营/私营对财产水平有着重要的影响，在 20%以上的分位数点上，有个体经营/私营的家庭的财产水平都显著高于没有个体经营/私营的家庭。而且，随着分位数的上升，个体经营/私营的影响越来越大（见图 5-12）。所以，从财产角度看，市场转型理论更能适用于农村的发展情况。农村的财产积累较少受到制度或政策因素（如福利分房）的直接影响，所以市场因素在农村反而比制度性因素发挥了更大的作用，呈现出与城市不同的影响模式。

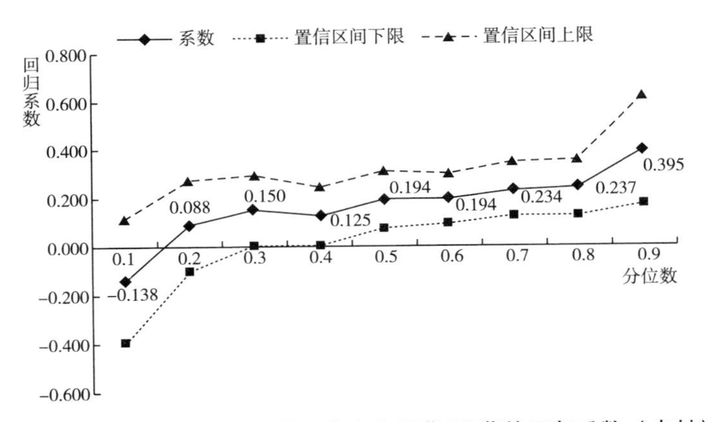

图 5-12　各分位数上家中是否有个体经营/私营的回归系数（农村）

同样，区域发展水平差异显著影响了农村家庭的财产水平，并且对越富裕的家庭影响越大。

5.7　稳健性检验

在数据和方法介绍部分提到，关于工作单位、户口这几个变量只在成年人问卷中存在，而并不是家中每一个成员都填答了成年人问卷，在条件允许的情况下，CFPS 尽可能地收集了家中成年人的信息，但调查时不在家（比如出差、外出打工等）、事后无法再联系到的成年人则没有填答成年人问卷。而家中成年人信息的遗漏可能导致有偏差的结果。为了检验结果的稳定性，我们进行了一项补充性分析，即选择家中成年人都回答了成年人问卷的家庭进行分析。结果发现，各变量系数大小略有波动，但并不影响整体结论。

完整回归分析结果见附录表9-3、表9-4、表9-5、表9-6。

5.8 对城市家庭回归结果的解释

中国私人财产的快速积累出现在改革开放以后，尽管财产的积累、财产水平的高低受到很多因素的影响，但纵观中国的发展历史，一方面，影响收入的因素显而易见也会影响财产的积累，因为收入减去消费，即储蓄。受教育水平越高的人越有可能获得更高的收入，所以它可以代表获得财富的潜力，当然，受教育水平也会通过影响投资而直接影响财富的获得。另一方面，中国家庭财产的积累也深受政策环境和社会环境的影响，在住房改革后，城市体制内的家庭以极低的成本从单位购得福利房，变为私有财产，房产成为家庭财产的最大组成部分，体制因素成为影响财产水平的重要因素。国外讨论最多的另外一大影响因素是遗产（Gale and Scholz，1994），而在中国，因为私人财产积累的时间比较短，考虑到中国的低死亡率，20世纪80年代以来获得财产的人死亡的并不多，因此在目前的中国，遗产影响应该较小。

在现阶段的城市地区，制度性因素在家庭财产积累中发挥了重要作用，从数据结果中可看到，体制性资本的财产优势大于收入优势，这意味着城市中因体制带来的工资性收入差异并不能解释财产差异。而且单看财产，家中有一个在政府部门/事业单位工作的成员相当于多受3年左右的教育。为什么会出现这样的结果呢？本研究从三个角度回答这个问题。

一是住房角度，20世纪80年代后期开始的住房改革使得大多数城市家庭得以把现住房转为私有财产，这是一个突然性的外部因素，其实类似于遗产的作用，使这些家庭不用通过收入积累而在短时间内获得了一笔突然性的财产。除了住房本身就是一种资产外，从另外一个角度看，拥有住房的人与没有住房的人相比，他们不用花大笔的钱在房屋租赁费上，可以将这笔投入作为储蓄或投资，形成另外一种资产。

二是消费支出角度，收入减去消费支出后就是可能转变为财产的储蓄。具有体制性资本优势的群体，比如体制内群体，从以上回归结果看出，他们具有较大的收入优势，但是财产优势却表现得更为明显，在控制收入的情况下，具有体制性资本的群体仍然具有更高的财产水平，这可能是因为这个群体能够从单位获得的福利或补贴多，相应地降低了消费支出。尽管这个因素的影响不如住房因素大且直接，但长期积累下来，仍然是一笔可观的财产。

三是有体制性资本优势的家庭能够进行更好的投资，比如房地产市场投资以及近些年兴起的金融市场投资。从住房来看，住房本身影响到以后的财产积累（Killewald，2015），在中国城市，随着房价的上涨，有住房的家庭产生投资性需求，投资房产，积累更多的财产，进一步推动房价上涨，挤占了没有住房家庭的消费性需求，扩大了住房不平等（陈彦斌、邱哲圣，2011）。有体制性资本的家庭还更可能有富裕的资金积极投资于金融市场，让现有资产增值。

2010 年 CFPS 数据收集了较为详细的住房数据和收入支出数据，可以对以上几点解释进行初步的实证检验（见图 5-13）。先看住房产权情况，除了农业外，政府部门/事业单位工作的家庭住房拥有率是最高的，达到了 88.0%；第二是国企工作者，为 82.8%；第三是退休者，为 81.9%。在其他产权房拥有率上，个体经营/私营最高，这可能与人口流动有关，个体经营/私营者对应的住房拥有率最低，仅为 76.2%，但拥有其他产权房的比例较高，可能是因为他们在农村老家拥有住房。除了个体经营/私营外，在政府部门/事业单位工作的家庭的其他产权房拥有率是最高的，为 23.5%。

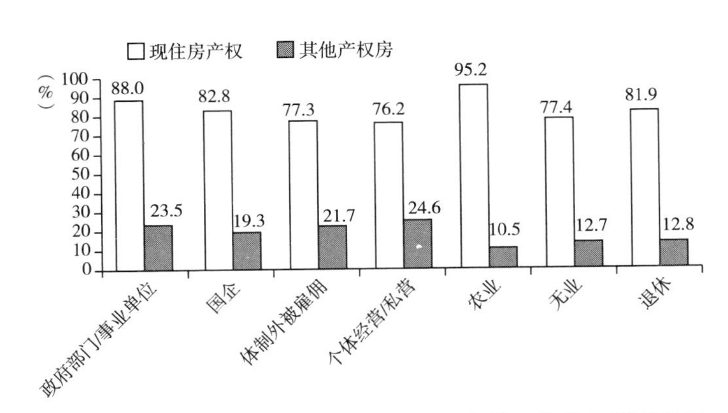

图 5-13　住房拥有率和其他产权房拥有率的工作单位类型差异

这里提出的第二个解释是收入与支出差。从以上的数据结果中可以看到，具有体制性资本优势的家庭在收入上也占有较大的优势，当收入变成储蓄或投资时则转化成了财产优势。进一步，本研究试图弄清楚，在收入相同的情况下，消费是如何影响家庭财产积累的。在政府部门/事业单位工作，一些福利性的政策比如各类消费报销、福利补贴等大大降低了家庭的消费支出，增加了收入的可储蓄部分。如果将收入减去支出后的盈余作为家庭可积累的财产（储蓄=收入-支出），那么在同样的收入条件下，支出越低，所带来的储蓄水平就越高。当然，在控制了收入的情况下，储蓄水平高的原因可能有两个因素，一是支出低、盈余高；二是其他投资直接提高了储蓄水平，比如股票市值的上升、房产投资获利等。鉴于这两个因素从数据中无法完全区分开来，我们将第二个解释（消费支出）和第三个解释（投资）合在一起讨论。

根据这样的思路，以家庭金融资产代表家庭的储蓄水平，以其对数为因变量，进行 Tobit 回归①，得到回归预测值。然后以家庭总收入的对数为横坐标，以回归预测值为纵坐标画图。图 5-14 是分工作单位类型画出的拟合图。可以看出，在同样的收入水平下，有在政府部门/事业单位工作的成员的家庭金融资产水平明显高于没有在政府部门/事业单位工作的成员的家庭。这意味着，在控制了其他因素的条件下，即使家庭收入水平一样，有体制资源优势的家庭的储蓄水平也要高于其他家庭，其中可能的解释就是前文提到的：一是消费支出低，二是有更好的投资。

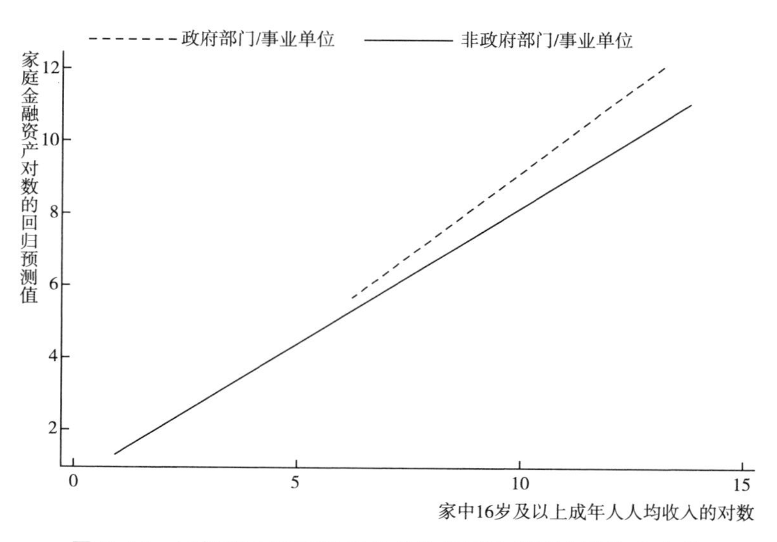

图 5-14　同样收入下不同工作单位类型的家庭金融资产差异

① 自变量跟之前的模型一致，在控制变量的基础上加入工作单位、党员身份、受教育年限、个体经营/私营和工资性收入变量。

关于消费支出，实际上，有体制性资本的家庭消费水平并不低，根据 CFPS 实际上报的消费支出数据，可以发现，有体制性资本优势的家庭的教育支出、娱乐支出等都相对较高，这些家庭储蓄更高的原因应该是来自工作单位的补贴、报销等各类福利。未来在数据可获得的情况下，我们将进一步把支出和投资分开讨论。

5.9　结论与讨论

综上研究结果，可以得出以下几个主要的研究结论。

第一，在中国城市地区，制度性因素对财产的影响大于对收入的影响，收入的差异并不能完全解释制度性因素导致的财产差异。

这样的差异有三个主要的原因。一是政策的直接影响，住房私有化是城市大多数家庭积累私有财产的重要途径，而在公共住房私有化过程中，能否分到住房、分到住房的面积和质量等都受单位性质、单位级别和个人在单位内部的级别影响（Walder and He，2014）。所以，制度性因素直接影响家庭财产的获得和积累，拥有体制性资本的家庭通过住房快速积累了一笔私有财产，紧接着，城市住房价格上升，拥有住房资产的家庭通过房产投资进一步积累资产，而没有房产的家庭对住房的消费性需求受到挤压，住房资产差距扩大，相应导致家庭财产差距扩大。

二是城市中具有体制性资源优势的家庭有消费支出优势，这里的消费支出优势指的是这些家庭享受体制内报销、补贴等一些福利，使得实际消费支出更低，反过来积累储蓄更高。

三是具有体制性资本优势的家庭更可能进行更好的投资，比如房地产、金融市场投资，积累更多财产。

第二，在中国城市地区，在一个市场经济快速发展而传统制度影响又尚未被削弱的社会背景下，制度性因素和市场性因素共同影响着家庭财产的积累。有在政府部门/事业单位工作的家庭、受教育水平更高的家庭和参与了市场经营的家庭在财产积累上处于明显的优势地位。

第三，分财产类型看，制度性因素和市场性因素所表现出的作用又各不相同。在住房资产上，制度性因素的作用较大，而对于非住房资产，市场因素的作用较大。这一方面凸显了政策制度因素在中国城市家庭私有财产积累过程中的作用，有体制性资本的家庭从城市住房私有化改革中积累了一大笔财产，另一方面反映了在市场经济改革过程中，代表市场效率的因素在与市场有关的财产积累比如金融资产、生产性固定资产中发挥着重要作用。

第四，在中国城市地区，虽然体制性资本能够带来财产优势，但其内部也是有异质性的。具体而言，以工作单位为例，最具有财产优势的是在政府部门/事业单位工作的管理者，只在政府部门/事业单位工作但没有管理职务的家庭优势远不及管理者。

第五，在中国城市地区，制度性因素的影响随着财产水平的变化而变化，即在不同的财产分布点上影响是不一样的，制度性因素对家庭财产水平的影响在中低分位数上比高分位数上体现得更明显，而且影响作用大于个体经营/私营的作用。但对于越富裕的家庭，体制性资源渐渐失去了优势，反而是市场因素在起作用——参与个体经营/私营的家庭具有更高的财产水平。反映了不同家庭积累财产途径的不同，中低分布上的家庭更多地依靠制度优势积累财产，而越富裕的家庭越依赖市场积累财产，验证了财产积累的“混合途径”理论。

第六，市场转型理论虽然描述的是随着时间推移，制度性因素对经济结果的作用下降、市场性因素作用上升的过程，但通过截面数据可以看到，在市场经济已经发展了几十年的今天，对城市家庭财产而言，制度性因素和市场性因素都起着非常重要的作用，从目前状况看，两条积累财产的途径——体制途径和市场途径——对不同的家庭发挥了不同的作用，共同成为中国城市家庭积累财产的重要途径。

第七，以上是针对中国城市家庭财产积累的结论，在农村地区呈现了与城市有所差异的财产分配模式。在农村中，总体而言，制度性因素在家庭财产积累上并没有表现出明显的优势，公共部门的管理者对家庭财产水平没有显著的影响，而市场因素（个体经营/私营和市场部门管理者）具有明显的财产优势。

在中国农村中，由于制度性因素并不直接参与到财产分配，比如住房、土地，所以整体而言，市场性因素的作用大于制度性因素的作用。市场转型理论可能更适用于对农村家庭财产积累的解释。

本研究存在几个缺陷，未来在数据可获得情况下可以进行改进。

第一，财产是长期积累的。本研究中以调查时点的工作单位类型、管理者身份代表制度性因素，以是否参与个体经营/私营和教育代表市场性因素，捕获的是调查时点上的情况，由于缺乏工作单位和经济活动的历史数据，很难将制度性因素和市场性因素彻底地分离出来，比如曾经从体制内工作“下海”的人，其积累的财产制度性因素和市场性因素分别贡献了多少难以回答。

所以，要分析财产的影响因素，最理想的数据是长期追踪数据，通过长期追踪数据可以观察到人的一生的财产积累过程，得出更可靠的因果关系。但由于目前缺乏追踪调查数据，只能以截面数据开展探索性的研究，得出的结论是对时点上的判断。

第二，数据没有收集遗产信息，分析中无法考虑遗产对家庭财产水平的影响。但是对目前的中国而言，缺乏遗产数据可能对结果影响不大。私人财产的出现和快速积累开始于 20 世纪 80 年代，考虑到中国较低的死亡率，这些人在调查时已经死亡率的概率较低，所以留下遗产的情况也就较少，对本研究结果影响可能非常小。

第三，遗漏极富人群数据，财产调查和收入调查共同面临的问题是极富人群的代表性问题，除非过度抽样，极富人群是很难在一个抽样调查中具有代表性的（Keister，2000）。极富人群不仅影响整体的财产水平，而且影响财产分布，在分析宏观的财产状况时，可以借助外部数据调整调查数据，但是进行微观分析时，就难以进行类似的调整了。不过极富人群毕竟在全国中仅占极小的比例，而且他们的特征跟普通大众差别较大，比如企业家、明星、炒股者等，我们研究的是平均意义上的差异，是普遍的差异，遗漏极富人群可能对回归统计结论影响很小。

第6章
父母社会经济特征对子女财产水平的影响

6.1 研究背景

6.1.1 社会地位的代际传递

近几年，“富二代”“官二代”“啃老”“拼爹”这些词成为社会上的流行语。其实，从学术角度，这些词正体现了社会地位的代际流动。社会经济地位的代际流动是社会学领域的核心研究问题（Ganzeboom，Treiman and Ultee，1991），该主题的研究在社会学领域有着悠久的历史（Zeng and Xie，2014；Chan and Boliver，2013）。在20世纪四五十年代，社会分层研究开始使用简单的统计模型考察职业的代际流动（Ganzeboom，Treiman and Ultee，1991）；60年代Blau和Duncan（1967）的地位获得模型（Status Attainment Path Model）使用路径分析方法，将父亲的职业、教育与儿子的教育、第一份职业和现在职业之间的关系以路径图的形式展现，这成为迄今为止社会地位代际流动的经典模型；随后，对数线性模型被引入到职业流动研究中，解决了许多方法上的问题。除了职业流动外，第二大类代际社会地位流动研究集中在收入上，包括家庭背景对收入的影响有多大（Corcoran et al.，1976；Jencks et al.，1972，1979；Sewell and Hauser，1975），直接影响和间接影响各占多大作用（Bowles，1972；Brittain，1977；Hauser and Daymont，1977；Kiker and Condon，1981；Parsons，1975）。尽管对一些问题的认识存在争论，但普遍共识是社会出身是影响社会地位的重要预测变量（Chan and Boliver，2013）。

对于代际流动，从理论到实证、从方法到内容、从社会学到经济学，均有大量研究进行了深入的探讨，相关文献数量之多、内容之广、领域之阔、质量之高，足可以反映代际视角在社会流动领域的重要地位。其重要性还不仅仅体现在对社会分层的理论意义上，实际上，社会地位的代际传递通常与人口学领域的基本过程，如生育、死亡、迁移、婚姻匹配等结合在一起成为一个真正的人口学话题（Mare，2011）。

6.1.2　财产代际传递的特殊性

然而，纵观以往的研究，可以发现，社会地位的代际流动研究多集中在职业和收入上（Rumberger，1983；McNamee and Miller，1998；Mogan and Scott，2007），而忽视了一个重要的经济指标——财产变量。财产比收入分布更不平等（Keister，2000；谢宇、靳永爱，2014），收入随着时间的变化可能并不稳定，仅以收入作为社会经济地位的代表指标可能会低估代际不平等传递（Rumberger，1983）。同时，财产的传递机制恰好与职业和收入存在很大的不同，除了间接通过教育影响下一代的社会经济地位外，财产还可以通过转赠或遗产的形式传给下一代，直接提高下一代的财产水平，因此，财产继承成为影响财产分布的重要因素。通过财产继承，富裕家庭的下一代经济优势不断累积，而贫穷家庭的下一代经济劣势也会不断加剧，这就是典型的“强者愈强，弱者愈弱”的“马太效应”。所以，尽管人力资本要素能够解释一大部分收入差异（Mincer，1974），但可能并不适用于财产（Rumberger，1983）。代际流动很少关注到财产，或者直接以收入替代，并不是因为它本身对社会流动没有理论意义，而是因为缺乏数据（Rumberger，1983）。在相关财产数据越来越易获得的今天，从代际视角考察财产流动不仅必要而且可行。

不同于西方发达国家工业革命以来长达几百年的资本主义私有资本积累，中国的财产积累是一个近期的现象，与市场改革同步。在这样一个特殊的社会背景下，以市场改革为时代背景分析家庭社会地位的代际传递将具有重要的理论意义和政策意义。改革开放以前，具有优势的群体是拥有政治资本的人（Nee，1989），比如干部群体、社会经济地位高的家庭，其可以通过体制途径传递优势地位（Xie and Jin，2015），如 1977～1986 年国家出台的单位“内招”“顶替”父母工作政策（余红、刘欣，2004）。市场化改革后，代表市场效率的要素，如人力资本对社会经济地位的影响迅速上升，教育的收入回报率不断提高（Bian and Logan，1996；Hauser and Xie，2005；Wu and Xie，2003；Zhou，2000；Jason and Wu，2012），这一时期，父母的社会地位优势通过投资子女教育传递给子女（Xie and Jin，2015）。近些年，随着私有财产的大量出现以及在家庭经济中作用的上升，父母除了通过投资子女教育影响到子女未来的经济地位以外，还可以通过财产转赠或遗产将经济优势直接传递给子女。许琪（2017）利用中国老年社会追踪调查（CLASS）2012 年数据计算得到，城市地区有 28.2%的子女曾在买房时获得过父母的帮助，农村地区有 16.8%的子女建房时获得过父母的经济帮助。在中国当前的背景下，父母的社会经济特征会影响子女的财产水平吗?

6.1.3 中国的社会背景

财产与职业、收入最大的不同在于能够以赠送、给予、遗产的形式直接转给下一代。财产继承是除了工作外的第二大获得财产的途径，直接影响家庭的财产水平和整体的财产分布（Keister，2000），财产继承会延续和强化已经存在的经济不平等（Miller and McNamee，1998），比如，有研究表明，黑人和白人间的财产差距很大程度上源于财产继承的差距，白人从家庭继承的财产多，而黑人少（Oliver and Shapiro，1997）。新中国成立后，私人财产的积累始于改革开放以后，从目前人群看，真正经历了市场改革过程并积累了财产的人是目前还在工作岗位上但年龄较大的人以及刚刚退休不久的人。分年龄队列看，“80 后”（1980 年以后出生）的青年组处于财产积累的起步阶段，他们的父辈经历了市场改革和财产积累；“70 后”（1970~1979 年出生）中有一部分在市场改革过程中积累了财产，其父辈也可能积累了一定的财产；“50 后”（1950~1959 年出生）和“60 后”（1960~1969 年出生）经历了整个市场化改革的过程，尤其城市居民经历了公共住房私有化的住房改革，在这个过程中实现了财产积累，他们的父辈则错过了财产积累的时代。

这样的队列差异对研究财产积累是有重要意义的。对于不同的队列，影响财产积累的机制可能是不一样的，比如对于经历过公共福利房改革的队列，制度性因素可能会影响到住房资产的积累（Walder and He，2015），而对于错过了福利房改革的队列（“80 后”），制度性因素的影响可能减弱甚至消失；同时，已经积累到财产的父母一代可能通过直接财产转移或转赠形式将财产传递给子女，那么父辈的影响可能会显现出来。所以研究财产积累的影响因素，需要考虑队列差异，尤其是父辈代际影响的队列差异。

目前有一些针对中国市场改革前和改革后的代际流动实证研究。比如Parish（1984）与Whyte和Parish（1984）利用1970年代中期的数据发现，1966年以来，父母地位对子女教育和职业获得的影响在减弱。对于中国市场改革后的代际流动，研究发现：市场改革并没有改变继承关系，改革后，继承关系在阶层流动中占据仍主导地位（李路路，2002；边燕杰、芦强，2014），我国市场化进程中，优势阶层自己的资源代际相传的继承性社会流动模式本身并没有由于市场化而发生本质的变化（边燕杰、芦强，2014），父母单位对子女就业单位的影响有随时间推移而加大的趋势（余红、刘欣，2004）。以上研究都是基于收入、职业、工作单位等得出来的结论，代际流动反映在财产上又会呈现一幅什么景象？

6.2　数据和方法

本章使用2010年CFPS数据，结合2012年收集的14岁时父母受教育程度、职业信息，分析父母社会经济特征对子女目前财产水平的影响。财产是家庭层面的，很难将家庭财产分配到个体身上（Ruel and Hauser，2013）。所以，在复杂的家庭结构里，很难分析父母社会经济特征对子女财产水平的影响。比如，在三代甚至四代同堂的家庭，家中的财产到底是哪一代创造的很难区分清楚，在数据中更是无法区分出来。为了简化分析，探索父母社会经济特征与子女财产水平的关系，得到更可靠的结论，选择不跟父母居住也不跟成年子女（16岁以上并且不在学的或者已婚的）同住的16~60岁个体构建样本进行分析，我们称之为一代成年人家庭。没有纳入60岁以上的人有两个原因：一是父母的信息缺失值太多；二是大部分人已经退出劳动力市场，而我们无法知道其退出劳动力市场前的就业信息。考虑到一代成年人家庭中有夫妻家庭，也有单身家庭，无法构建合适的家庭层面变量，我们分性别进行分析。同时，考虑到城市和农村财产积累机制不同，我们分城乡构建模型。

因变量

主要因变量为家庭总财产的对数。总财产为负数分比例分别为：城市男性

2.91%，城市女性 2.82%，农村男性 2.25%，农村女性 2.17%。考虑到负值比例并不高，将负值变为 0，然后在所有财产值上加 1 取对数。

第二个因变量为房产价值对数和非房产价值对数。先将所有负值变为 0，然后在所有财产值上加 1 取对数。因房产和非常产负值或 0 值占的比例较高，在回归分析中使用 Tobit 模型。

表 6-1 房产和非房产负值与 0 值比例

单位：%

	房产		非房产	
	负值	0 值	负值	0 值
城市男性	0.67	16.72	6.45	1.67
城市女性	0.76	15.53	7.07	2.27
农村男性	1.34	8.21	5.05	0.55
农村女性	1.25	8.07	5.47	0.81

第三个因变量是家庭收入的对数，家庭收入为工资性收入、非工资性收入及农业生产收入、经营企业收入、财产性收入、转移性收入和其他收入等的总收入。

自变量

本研究的关键自变量是父母的社会经济特征。父母的社会经济特征可以有很多指标测量，最直接的指标是财产水平和收入水平，但从数据中无法直接获得这样的信息。研究者经常用的还包括父母的受教育水平和职业地位（Blau and Duncan，1967）。依照以往研究惯例，本研究选取的第一个反映父母社会经济特征的变量是父母的受教育程度。该变量在数据中是定序变量，分为文盲/半文盲、小学、初中、高中、大专、大学本科、硕士及博士 8 类，因为涉及父母双方的特征，为了简化统计上的处理，将受教育程度转成相应的受教育年限，并求父母受教育年限的均值。有研究表明将受教育程度的分类转变成受教育年限并不影响研究结果（Xie and Hannum，1996），也有研究使用受教育年限的总和处理多人教育信息（Zeng and Xie，2014）。

第二个关键的自变量是 3 岁时户口性质：农业户口或非农户口。虽然是访问对象的信息，但实际上反映的是父母的特征，根据中国的户籍登记规定，孩子出生后户口登记可以随父亲或母亲，所以 3 岁时户口性质反映的是父母的农业或非农业状态。城乡二元分割在中国长期存在，它反映的不仅仅是地理位置上的差异，更是社会经济地位上的差别。

第三个反映父母社会经济特征的自变量是父母的职业。父母的职业是子女14岁时父母的职业，如果14岁时父母职业缺失，则用父母现在的职业信息填补。职业划分方式参照2009年8月由中国标准出版社发行《中华人民共和国国家标准职业分类与代码》（GB/T6565—2009），将职业分为：（1）国家机关、党群组织、企业、事业单位负责人，（2）专业技术人员，（3）办事人员和有关人员，（4）商业、服务人员，（5）农、林、牧、渔、水利业生产人员，（6）生产、运输设备操作人员及有关人员，（7）军人，（8）不便分类（任莉颖、李力、马超，2012）。为了保证每个职业有足够的样本量以及尽可能通过职业反映社会经济地位，将职业分类再次整合，将第1、2类分为一组，第3、4类分为一组，第5、6、7、8类分为一组，将没有职业和职业缺失的人群分为一组。

个体的主要社会经济特征变量为：

受教育年限：CFPS调查向被访者收集了详细的受教育情况信息，可以准确知道被访者的受教育年限，以年为单位。

工作单位：将工作单位分为三类，一是政府部门/事业单位，二是国企，三是体制外（也包括无工作者）。

是否有下属：是一个二分类变量，1=有下属，0=无下属，反映职业地位。

家庭收入对数：在因变量中介绍过，在本研究中，家庭收入既作为自变量，又作为因变量。

是否有个体经营/私营：是一个二分类变量，1=有个体经营/私营，0=无个体经营/私营。

控制变量

模型中控制变量包括：婚姻状态，分为在婚和不在婚，不在婚包括未结过婚、离婚和丧偶；兄弟姐妹数，考虑到父母的财产可能会在兄弟姐妹间分配，计算了健在的兄弟姐妹数量；户口性质，分为农业户口和非农户口；是否跨县流动，识别了跨区县的人户分离，受数据限制，无法更进一步识别出跨乡镇的流动人口以及市内人户分离人口[①]；省份，模型中设置省份虚拟变量，控制省份层面的差异。

年龄队列

中国的私人财产是从1978年改革开放以后才开始出现的，尤其是20世纪90年代以后才迅速积累，城市普通家庭的最大财产房产来源于1998年住房改革以后；农村虽然从80年代就开始进入自产自销模式，但当时经济发展水平比较落后，真正积累的私有财产较少，90年代后期以来随着经济的快速发展才积累了大量私有财产。所以在中国真正积累了财产的一代是出生于20世纪五六十年代的人，70年代以后的出生队列尚处于财产积累的初期。根据这样的社会背景，并考虑到实际数据情况，为了更进一步探索父母社会经济特征对子女财产水平影响的队列差异，将分析样本分为3个队列：30岁及以下，31~40岁，41~60岁。

方法

本章使用到的统计方法包括：多元线性回归、Tobit回归和看似不相关回归。

模型中所使用到的变量基本描述性结果见表6-2。

表6-2　因变量和自变量的基本情况

	城市男性	城市女性	农村男性	农村女性
	(均值/比例)			
家庭总财产对数	11.55 (2.72)	11.54 (2.72)	10.93 (2.08)	10.93 (2.09)
家庭总财产（万元）	41.79 (80.59)	40.53 (76.96)	14.74 (76.67)	12.78 (19.59)
家庭收入对数	10.22 (0.94)	10.19 (0.97)	9.69 (0.91)	9.67 (0.95)
家庭收入（万元）	4.22 (5.63)	4.11 (5.20)	2.33 (2.57)	2.33 (2.53)
自变量				
3岁时户口（%）				
农业	62.59	64.35	98.24	97.89

① 国家统计局："中华人民共和国2016年国民经济和社会发展统计公报"，2017-02-28（http://www.stats.gov.cn/tjsj/zxfb/201702/t20170228_1467424.html）。

续表

	城市男性	城市女性	农村男性	农村女性
	（均值/比例）			
非农	37.41	35.65	1.76	2.11
父母平均受教育年限（年）	5.17 （4.33）	5.26 （4.26）	2.86 （3.23）	2.94 （3.29）
父母职业分类（%）				
（1）	18.35	19.23	8.09	9.31
（2）	9.99	9.64	2.92	2.98
（3）	58.19	55.85	81.7	81.48
（4）	13.47	15.28	7.29	6.23
年龄队列（%）				
16~30 岁	20.4	21.68	18.18	19.33
31~40 岁	32.2	33.71	31.61	35.68
41~60 岁	47.4	44.61	50.21	44.99
受教育年限（年）	10.41 （3.72）	9.70 （4.17）	7.41 （3.75）	5.51 （4.23）
党员身份（%）				
非党员	84.47	94.32	91.98	98.75
党员	15.53	5.68	8.02	1.25
工作单位（%）				
政府部门或国有/集体事业单位	12.09	9.76	2.49	1.68
国企	12.04	5.51	2.07	0.22
体制外（含无工作者）	75.87	84.72	95.44	98.11
是否有下属（%）				
否	86	94.36	96.6	99.35
有	14	5.64	3.4	0.65
兄弟姐妹数（个）	2.20 （1.77）	2.33 （1.78）	2.78 （1.86）	2.76 （1.84）
婚姻状况（%）				
不在婚	17.44	15.87	16.66	12.34
在婚	82.56	84.13	83.34	87.66
户口（%）				
农业	39.18	40.03	92.46	93.77

续表

	城市男性	城市女性	农村男性	农村女性
	（均值/比例）			
非农	60.82	59.97	7.54	6.23
流动状态（%）				
非流动	84.42	84.97	94.89	94.32
跨县流动	15.58	15.03	5.11	5.68
是否有个体经营/私营（%）				
否	88.25	88.68	91.43	91.93
是	11.75	11.32	8.57	8.07

注：省份未在表中显示；家庭总财产对数和家庭收入对数是下文回归分析的因变量，同时表中也展示了未进行对数处理的财产和收入结果。

父母职业分类：（1）国家机关、党群组织、企业、事业单位负责人，专业技术人员；（2）办事人员和有关人员，商业、服务人员；（3）农、林、牧、渔、水利业生产人员，生产、运输设备操作人员及有关人员，不便分类职业；（4）没有职业和职业缺失。

6.3 结果分析

6.3.1 描述性结果

表6-2展示了本章使用的因变量和自变量的基本情况。家庭总财产和家庭总收入呈现的基本结果是，城市财产和收入均高于农村，而且城乡差距巨大，男性财产和收入大于女性。城市地区，有60%以上的人3岁时户口为农业户，反映了父母当时的户口性质，农村地区持非农户口的人较少。城市地区父母的平均受教育年限超过了5年，农村地区则不到3年。城市地区父母有接近20%从事的职业为单位负责人，专业技术人员；约10%是办事人员，有关人员或商业服务业人员；接近60%是农、林、牧、渔、水利业生产人员，生产、运输设备操作人员及有关人员，不便分类职业人员。而农村则80%以上从事农、林、牧、渔、水利业生产人员，生产、运输设备操作，不便分类职业人员；仅有10%是单位负责人、专业技术人员、办事人员和有关人员、商业、服务人员。

为了初步分析父母的教育与子女财产水平的关系，图6-1至图6-5分年龄队列拟合了父母平均受教育年限与家庭总财产对数的线性关系图。可以看出，父母的受教育年限与子女的财产水平呈正相关关系。

更有趣的是，图上显示，16～30 岁年龄队列的拟合线斜率大于 31～40 岁和 41～60 岁的拟合线斜率。这意味着父母的受教育程度对 16～30 岁年龄组子女的财产水平影响可能更大。不过，二者的关系还需要进一步控制其他变量来看。

同时也拟合了家庭收入跟父母受教育年限的关系，二者的关系并未呈现出类似于家庭财产的队列差异。父母受教育年限对子女财产和收入的影响可能遵循不同的机制。

再看 3 岁时户口性质与家庭财产的关系①（见表 6-3），3 岁时是非农的户口的人家庭财产水平平均而言大于 3 岁时是农业户口的人，但同样呈现出了队列差异。表 6-3 简单计算了 3 岁时是非农户口的人家庭财产对数高出 3 岁时是农业户口的人的比例。结果显示，3 岁时农业户口与非农户口所呈现出的家庭财产差距，16～30 岁年龄队列最大。对于 41～60 岁的城市男性和 31～40 岁的城市女性，3 岁时为农业户口的人家庭财产水平甚至高于 3 岁时为非农户口的人。与教育所得出的结果一致，是不是父母的社会经济特征对年轻队列（16～30 岁）影响更大呢？

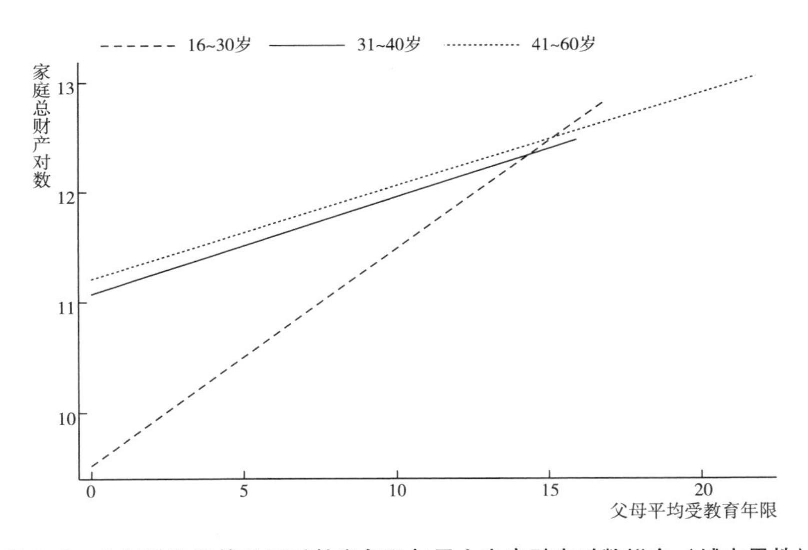

图 6-1　分年龄队列的父母受教育年限与子女家庭财产对数拟合（城市男性）

① 对于农村地区，3 岁时户口性质为非农的比例非常低，这里只计算城市地区。

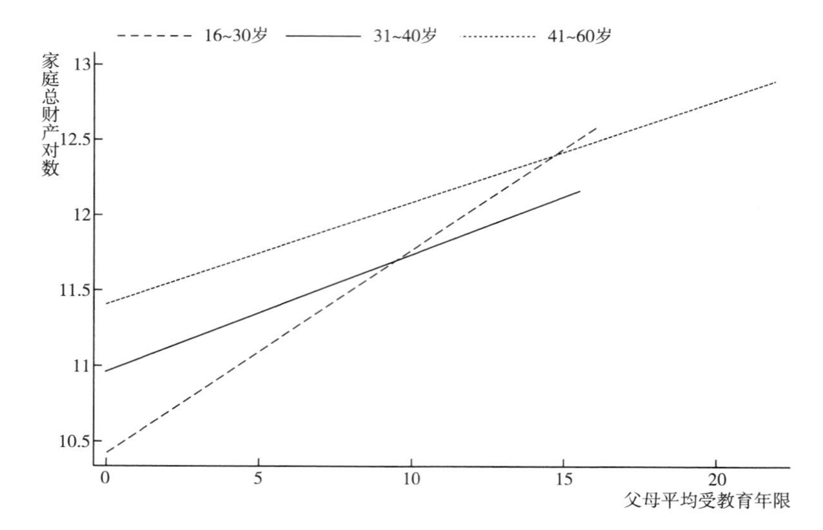

图 6-2　分年龄队列的父母受教育年限与子女家庭财产对数拟合（城市女性）

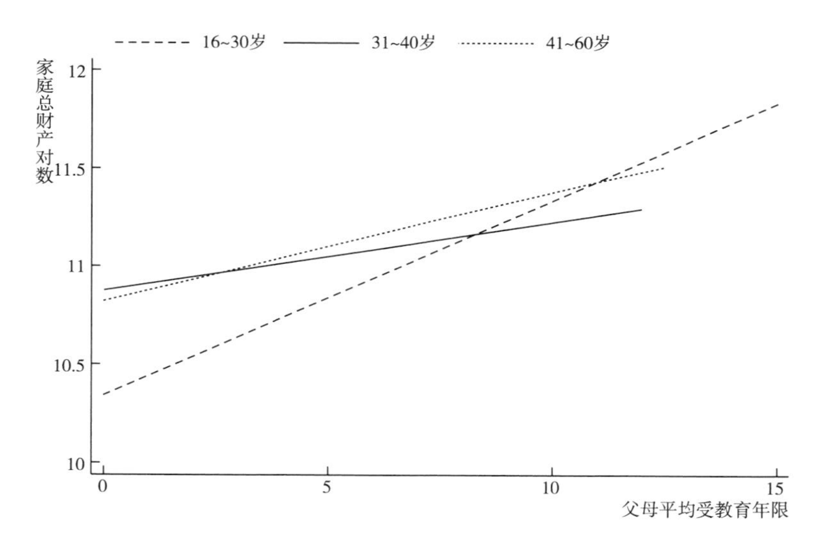

图 6-3　分年龄队列的父母受教育年限与子女家庭财产对数拟合（农村男性）

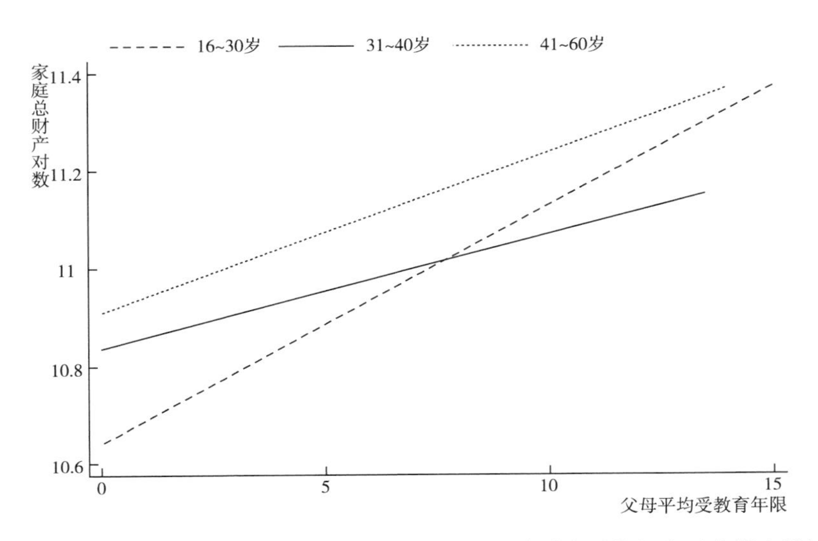

图 6-4　分年龄队列的父母受教育年限与子女家庭财产对数拟合（农村女性）

表 6-3　分年龄队列的 3 岁时户口性质与家庭财产对数

		城市男性		城市女性	
		均值	中位值	均值	中位值
16~30 岁	农业	10.86	11.87	11.27	12.03
	非农	11.73	12.47	11.92	12.33
	非农高出农业比例（%）	8.03	5.10	5.85	2.48
31~40 岁	农业	11.59	12.17	11.44	12.07
	非农	11.86	12.35	11.23	12.02
	非农高出农业比例（%）	2.39	1.48	-1.89	-0.42
41~60 岁	农业	11.65	12.09	11.54	12.04
	非农	11.52	12.21	11.82	12.34
	非农高出农业比例（%）	-1.16	1.06	2.44	2.50

6.3.2 回归结果

（1）父母社会经济特征对子女财产水平的总影响

父母的社会经济特征如何影响子女的财产水平？我们首先通过逐步回归逐步纳入子女的特征变量，探索父母社会经济特征对子女财产水平的影响机制。表6-4展现的是城市男性的回归结果，从模型1到模型4逐步纳入在父母社会经济地位和子女财产水平之间可能起中介作用的变量。模型1只纳入父母的社会经济特征变量。父母的平均受教育年限显著影响子女的财产水平，父母的平均受教育年限每增加1年，子女的财产水平将显著提高9.7%［$\beta=0.093$，$\exp(0.093)=1.097$，$P<0.001$）］，31~40岁和41~60岁队列的家庭财产水平显著高于16~30岁队列。不过3岁时户口性质和父母的职业影响并不显著。模型2加入子女的受教育年限，父母的受教育年限对子女财产水平的影响下降（$\beta=0.068$，$P<0.001$）。同时可以看到子女的受教育年限显著影响家庭财产水平。模型3加入子女的党员身份、工作单位、是否有下属、是否有个体经营/私营产业变量，父母教育对子女财产水平的影响有所下降，子女教育的影响系数也减小了。模型4加入家庭收入变量，父母教育对子女财产水平的影响进一步下降（$\beta=0.049$，$P<0.01$），但仍然显著。而子女自身特征（包括教育、工作单位、职位、是否有个体经营/私营）的影响不再显著，收入则显著地影响财产水平（$\beta=1.102$，$P<0.001$）。这说明家庭收入是父母教育影响子女财产水平的重要中介变量。父母的教育影响子女的教育、工作，子女的教育、工作影响家庭收入，进而影响到最终的家庭财产水平。

但仍然有一个未解释的问题，即父母的平均受教育年限仍然显著。换句话说，父母的教育水平会通过子女的一些社会经济特征对子女财产水平产生间接影响，但如何解释在控制了可能影响财产水平的变量后仍然显著的系数呢？回到财产积累的基本要素：收入、支出和财产转赠/遗产，收入支出差额就可以成为储蓄或投资。所以，父母可能通过影响子女的消费、投资及投资回报、风险意识等影响储蓄或投资，也可能通过财产转赠直接提高子女的财产水平。模型中父母教育水平未被解释的部分可能是通过这两个途径影响子女财产水平的。尽管根据现有数据无法明确区分这两个原因，但下文会根据一些信息间接展示财产转赠是存在的。

表 6-4　回归结果（城市男性）

	模型 1		模型 2		模型 3		模型 4	
	系数	标准误	系数	标准误	系数	标准误	系数	标准误
3 岁时户口性质（参照组：农业）								
非农	-0.316+	0.163	-0.281+	0.162	-0.183	0.161	-0.185	0.152
父母平均受教育年限	0.093***	0.017	0.068***	0.018	0.066***	0.017	0.049**	0.016
父母职业［参照组：(1)］								
(2)	-0.335	0.230	-0.323	0.228	-0.338	0.226	-0.231	0.213
(3)	-0.086	0.166	-0.086	0.165	-0.088	0.164	0.014	0.154
(4)	-0.169	0.214	-0.135	0.213	-0.178	0.211	-0.054	0.199
年龄队列（参照组：16~30 岁）								
31~40 岁	0.505*	0.215	0.513*	0.214	0.502*	0.212	0.540**	0.200
41~60 岁	0.523*	0.229	0.622**	0.228	0.581*	0.227	0.758***	0.214
受教育年限			0.099***	0.019	0.062**	0.020	0.002	0.019
党员身份（参照组：否）								
是					0.274	0.176	0.169	0.166
工作单位（参照组：政府部门或国有/集体事业单位）								
国企					0.533**	0.198	0.216	0.187
其他单位					0.020	0.188	-0.115	0.178
是否有下属（参照组：否）								
是					0.792***	0.174	0.281+	0.167
是否有个体经营/私营产业（参照组：否）								
是					0.701***	0.180	0.326+	0.171
家庭收入对数							1.102***	0.068
婚姻状态（参照组：不在婚）								
在婚	0.354+	0.203	0.310	0.202	0.118	0.203	-0.235	0.192
兄弟姐妹数	-0.024	0.041	-0.016	0.041	-0.031	0.040	-0.022	0.038
户口（参照组：农业）								
非农	0.409**	0.158	0.122	0.166	0.030	0.167	-0.064	0.157

续表

	模型 1		模型 2		模型 3		模型 4	
	系数	标准误	系数	标准误	系数	标准误	系数	标准误
流动状态（参照组：未流动）								
跨县流动	-0.348*	0.173	-0.385*	0.172	-0.440*	0.171	-0.567***	0.161
样本量	2093		2093		2093		2093	
R^2	0.098		0.111		0.133		0.231	

注：模型中控制了省份变量；父母职业分类：（1）国家机关、党群组织、企业、事业单位负责人，专业技术人员，（2）办事人员和有关人员，商业、服务人员，（3）农、林、牧、渔、水利业生产人员，生产、运输设备操作人员及有关人员，不便分类职业，（4）没有职业和职业缺失；*** $p<0.001$，** $p<0.01$，* $p<0.05$，+$p<0.1$

不过父母教育在城市女性、农村男性、农村女性中未呈现出跟城市男性一致的结果（见表 6-5 至表 6-7）。

表 6-5　回归结果（城市女性）

	模型 1		模型 2		模型 3		模型 4	
	系数	标准误	系数	标准误	系数	标准误	系数	标准误
3 岁时户口性质（参照组：农业）								
非农	-0.113	0.147	-0.154	0.147	-0.095	0.147	-0.144	0.140
父母平均受教育年限	0.048**	0.016	0.030+	0.016	0.029+	0.016	0.020	0.016
父母职业［参照组：（1）］								
（2）	-0.332	0.213	-0.273	0.213	-0.262	0.212	-0.120	0.202
（3）	-0.428**	0.152	-0.383*	0.151	-0.334*	0.151	-0.208	0.144
（4）	-0.657***	0.191	-0.597**	0.190	-0.578**	0.190	-0.453*	0.181
年龄队列（参照组：16~30 岁）								
31~40 岁	0.076	0.183	0.122	0.182	0.058	0.183	0.269	0.174
41~60 岁	0.314	0.193	0.429*	0.194	0.374+	0.196	0.639***	0.187
党员身份（参照组：否）								
是					0.434+	0.249	0.345	0.237
受教育年限			0.077***	0.016	0.048**	0.018	-0.004	0.017
工作单位（参照组：政府部门或国有/集体事业单位）								
国企					0.457*	0.203	0.191	0.194
其他单位					0.220	0.244	0.050	0.232
是否有下属（参照组：否）								
是					0.574*	0.237	0.203	0.227

续表

	模型 1		模型 2		模型 3		模型 4	
	系数	标准误	系数	标准误	系数	标准误	系数	标准误
是否有个体经营/私营产业（参照组：否）								
是					0.564**	0.171	0.233	0.165
家庭收入对数							0.950***	0.061
婚姻状态（参照组：不在婚）								
在婚	0.458*	0.179	0.463**	0.178	0.383*	0.179	-0.111	0.173
兄弟姐妹数	-0.109**	0.037	-0.097**	0.037	-0.102**	0.037	-0.092**	0.035
户口（参照组：农业）								
非农	0.258+	0.145	0.050	0.152	0.049	0.151	-0.020	0.144
流动状态（参照组：未流动）								
跨县流动	-0.315+	0.163	-0.320*	0.162	-0.316+	0.162	-0.388*	0.154
样本量	2376		2376		2376		2376	
R^2	0.109		0.117		0.127		0.209	

注：同表 6-4。

表 6-6　回归结果（农村男性）

	模型 1		模型 2		模型 3		模型 4	
	系数	标准误	系数	标准误	系数	标准误	系数	标准误
父母平均受教育年限	0.051**	0.018	0.036+	0.019	0.035+	0.019	0.018	0.018
职业* [参照组：(1) & (2)]								
(3) & (4)	-0.028	0.168	-0.044	0.167	-0.059	0.167	-0.063	0.160
年龄队列（参照组：16~30 岁）								
31~40 岁	0.009	0.192	0.129	0.193	0.119	0.193	0.183	0.185
41~60 岁	-0.013	0.195	0.107	0.196	0.113	0.196	0.310	0.189
受教育年限			0.064***	0.015	0.062***	0.015	0.024	0.015
党员身份（参照组：否）								
是					-0.137	0.191	-0.209	0.184
是否有个体经营/私营产业（参照组：否）								
是					0.370*	0.182	0.203	0.175
家庭收入对数							0.698***	0.058
婚姻状态（参照组：不在婚）								
在婚	0.228	0.181	0.256	0.180	0.263	0.180	-0.072	0.175

续表

	模型 1		模型 2		模型 3		模型 4	
	系数	标准误	系数	标准误	系数	标准误	系数	标准误
兄弟姐妹数量	0.027	0.032	0.024	0.032	0.026	0.032	0.016	0.031
户口（参照组：农业）								
非农	-0.132	0.204	-0.301	0.207	-0.297	0.208	-0.411*	0.200
样本量	1645		1645		1645		1645	
R^2	0.071		0.081		0.084		0.159	

注：同表 6-4。

* 因为在农村（1）（2）类职业少，所以划在一组。

表 6-7　回归结果（农村女性）

	模型 1		模型 2		模型 3		模型 4	
	系数	标准误	系数	标准误	系数	标准误	系数	标准误
父母平均受教育年限	0.013	0.017	-0.002	0.018	-0.003	0.018	-0.015	0.017
职业［参照组：（1）&（2）］								
（3）&（4）	0.218	0.150	0.210	0.150	0.200	0.150	0.177	0.145
年龄队列（参照组：16~30 岁）								
31~40 岁	0.296+	0.178	0.329+	0.178	0.329+	0.178	0.279	0.172
41~60 岁	0.335+	0.183	0.415*	0.184	0.412*	0.185	0.438*	0.178
受教育年限			0.042**	0.014	0.041**	0.014	0.007	0.014
党员身份（参照组：否）								
是					0.154	0.435	0.027	0.420
是否有个体经营/私营产业（参照组：否）								
是					0.147	0.177	-0.018	0.171
家庭收入对数							0.617***	0.053
婚姻状态（参照组：不在婚）								
在婚	-0.358+	0.204	-0.253	0.207	-0.257	0.207	-0.366+	0.200
兄弟姐妹数量	-0.029	0.031	-0.026	0.031	-0.026	0.031	-0.041	0.030

续表

	模型 1		模型 2		模型 3		模型 4	
	系数	标准误	系数	标准误	系数	标准误	系数	标准误
户口（参照组：农业）								
非农	-0.178	0.214	-0.289	0.216	-0.296	0.218	-0.311	0.210
样本量	1847		1847		1847		1847	
R^2	0.071		0.076		0.076		0.141	

注：同表 6-4。

（2）队列效应

财产的积累也受时代的影响，尤其是在中国，改革开放以来其经历了一系列的社会变革和政策改革，出生在不同时代的人可能受到不同的影响，父母社会经济特征也可能会对不同队列的人产生不同的影响。表 6-8 和表 6-9 加入了父母社会经济特征和年龄队列的交互项。结果显示，3 岁时户口性质和和父母教育对不同队列的影响是不一样的。在未加入交互项时，3 岁时户口性质影响并不显著，而加入了交互项后，该变量在 $P<0.01$ 的水平上显著，$\beta=0.493$，这意味着该变量对子女财产水平的影响确实在队列之间是有差异的，具体而言，对于 16~30 岁年龄队列，3 岁时户口性质为非农的子女比为农业的子女家庭财产水平要显著高出 17.59% [$\beta=0.655-0.493$，exp（0.162）= 1.1759]；对于 31~40 岁年龄队列，3 岁时户口性质为非农的子女比为农业的子女要显著高出 8.3% [$\beta=0.573-0.493$，exp（0.08）= 1.083]；而对 41~60 岁年龄队列，3 岁时为非农户口对家庭财产水平影响为负（$\beta=-0.493$）。这就解释了为什么在加入交互项前 3 岁时户口性质并不显著，正是因为 3 岁时户口性质对家庭财产水平的影响存在队列差异，分队列看，户口性质不仅在影响强度上存在差异，也在影响方向上存在差异，所以在未加入交互项的模型中平均而言 3 岁时户口性质的影响并不显著。再看父母的教育水平，16~30 岁年龄队列与父母平均受教育年限尽管只在 $P<0.1$ 的水平上显著，但从系数方向上看，也能显示对于 16~30 岁年龄队列父母的教育水平影响更大。

城市女性 16~30 岁年龄队列与父母平均受教育年限在 $P<0.1$ 的水平上显著，从系数方向上看，也能显示对于 16~30 岁年龄队列父母的教育水平影响更大（见表 6-8）。农村男性和农村女性则未呈现出相似的结果（见表 6-9）。这说明城乡的财产积累影响机制是很不一样的，鉴于城市家庭财产积累所经历的特殊市

场和政策环境，后面重点讨论城市的结果。

在表 6-4 的模型结果中我们看到，在控制了子女的社会经济特征后，父母的教育水平仍然显著影响子女的家庭财产水平，说明父母对子女家庭财产的影响，除了通过子女的教育、工作、收入等产生外，可能还存在其他形式。上文提到两种途径：一是通过影响消费、储蓄、投资行为影响财产，二是直接的财产转赠。而这样的影响对年轻队列效应更大（见表 6-8），进一步反映父母对家庭财产的影响机制不同于传统研究中对职业或收入的影响机制，而队列效应显著从侧面反映财产直接转赠的可能性是存在的。16~30 岁的年轻队列，刚刚处于财产积累起步期，恰好经历了 2003 年国家取消福利分房以及之后的城市房价大幅度攀升（Walder and He，2015），错失积累财产的政策机会。而 30 岁以上的人经历了城市的福利分房，尤其是 40 岁以上的人，在 2010 年已经积累了一定的财产，可以说，他们获得了“时机”优势，既有通过政策积累财产的机会，又在房价攀升前获得了住房资产。所以，对于年轻的队列，一方面他们的父母具有“时机”优势，可能积累了一定财产，为向子女财产转赠奠定了基础；另一方面子女自身在积累财产上不再像父辈或者说年龄大队列那么容易，父母的经济支持则显得尤为重要。

表 6-8　加入交互项后的回归结果（城市）

	城市男性				城市女性			
	未加交互项		加入交互项		未加交互项		加入交互项	
	系数	标准误	系数	标准误	系数	标准误	系数	标准误
3 岁时户口性质（参照组：农业）								
非农	-0.185	0.152	-0.493**	0.190	-0.144	0.140	-0.173	0.186
父母平均受教育年限	0.049**	0.016	0.031	0.022	0.020	0.016	-0.007	0.022
父母职业［参照组：(1)］								
(2)	-0.231	0.213	-0.259	0.325	-0.120	0.202	-0.187	0.309
(3)	0.014	0.154	-0.074	0.227	-0.208	0.144	-0.248	0.219
(4)	-0.054	0.199	-0.440	0.281	-0.453*	0.181	-0.608*	0.270
年龄队列（参照组：41~60 岁）								
16~30 岁	-0.758***	0.214	-1.572**	0.518	-0.639***	0.187	-1.062*	0.481

续表

	城市男性				城市女性			
	未加交互项		加入交互项		未加交互项		加入交互项	
	系数	标准误	系数	标准误	系数	标准误	系数	标准误
31~40 岁	-0.219	0.135	-0.731+	0.389	-0.370**	0.126	-0.735*	0.361
16~30 岁 * 3 岁户口为非农			0.655*	0.325			0.056	0.324
31~40 岁 * 3 岁户口为非农			0.573*	0.286			-0.018	0.272
16~30 岁 * 父母平均受教育年限			0.083+	0.043			0.075+	0.042
31~40 岁 * 父母平均受教育年限			-0.008	0.035			0.033	0.033
父母职业（2）* 16~30 岁			-0.312	0.499			0.013	0.480
父母职业（3）* 16~30 岁			-0.097	0.397			-0.143	0.369
父母职业（4）* 16~30 岁			0.339	0.563			-0.114	0.502
父母职业（2）* 31~40 岁			0.314	0.536			0.118	0.494
父母职业（3）* 31~40 岁			0.343	0.349			0.223	0.329
父母职业（4）* 31~40 岁			1.074*	0.437			0.512	0.399
受教育年限	0.002	0.019	0.008	0.019	-0.004	0.017	0.000	0.017
党员身份（参照组：否）								
是	0.169	0.166	0.143	0.166	0.345	0.237	0.352	0.238
工作单位（参照组：政府部门或国有/集体事业单位）								
国企	0.216	0.187	0.253	0.188	0.191	0.194	0.201	0.194
其他单位	-0.115	0.178	-0.058	0.178	0.050	0.232	0.089	0.233
是否有下属（参照组：否）								
是	0.281+	0.167	0.288+	0.167	0.203	0.227	0.217	0.228

续表

	城市男性				城市女性			
	未加交互项		加入交互项		未加交互项		加入交互项	
	系数	标准误	系数	标准误	系数	标准误	系数	标准误
是否有个体经营/私营产业（参照组：否）								
是	0.326+	0.171	0.385*	0.171	0.233	0.165	0.252	0.165
家庭收入对数	1.102***	0.068	1.089***	0.068	0.950***	0.061	0.942***	0.061
婚姻状态（参照组：不在婚）								
在婚	-0.235	0.192	-0.132	0.194	-0.111	0.173	-0.042	0.177
兄弟姐妹数	-0.022	0.038	-0.027	0.038	-0.092**	0.035	-0.092**	0.035
户口（参照组：农业）								
非农	-0.064	0.157	-0.102	0.158	-0.020	0.144	-0.043	0.145
流动状态（参照组：未流动）								
跨县流动	-0.567***	0.161	-0.542***	0.162	-0.388*	0.154	-0.364*	0.155
样本量	2093		2093		2376		2376	
R^2	0.231		0.240		0.209		0.212	

注：同表6-4。

表6-9 加入交互项后的回归结果（农村）

	农村男性				农村女性			
	系数	标准误	系数	标准误	系数	标准误	系数	标准误
父母平均受教育年限	0.018	0.018	0.026	0.028	-0.015	0.017	-0.013	0.027
职业［参照组：（1）&（2）］								
（3）&（4）	-0.063	0.160	-0.165	0.224	0.177	0.145	0.032	0.212
年龄队列（参照组：41~60岁）								
16~30岁	-0.310	0.189	-0.477+	0.244	-0.438*	0.178	-0.444+	0.236
31~40岁	-0.126	0.117	-0.045	0.153	-0.158	0.110	-0.186	0.140
16~30岁 * 父母平均受教育年限			0.032	0.044			-0.006	0.042

续表

	农村男性				农村女性			
	系数	标准误	系数	标准误	系数	标准误	系数	标准误
31～40 岁/＊父母平均受教育年限			-0.042	0.039			-0.003	0.036
父母职业（3）&（4）＊16～30 岁			-0.194	0.448			0.276	0.416
父母职业（3）&（4）＊31～40 岁			0.418	0.361			0.273	0.319
受教育年限	0.024	0.015	0.024	0.015	0.007	0.014	0.008	0.014
党员身份（参照组：否）								
是	-0.209	0.184	-0.196	0.184	0.027	0.420	0.015	0.420
是否有个体经营/私营产业（参照组：否）								
是	0.203	0.175	0.199	0.176	-0.018	0.171	-0.029	0.173
家庭收入对数	0.698***	0.058	0.695***	0.059	0.617***	0.053	0.617***	0.053
婚姻状态（参照组：不在婚）								
在婚	-0.072	0.175	-0.049	0.176	-0.366+	0.200	-0.365+	0.203
兄弟姐妹数	0.016	0.031	0.014	0.031	-0.041	0.030	-0.040	0.030
户口（参照组：农业）								
非农	-0.411*	0.200	-0.416*	0.200	-0.311	0.210	-0.305	0.210
流动状态（参照组：未流动）								
跨县流动	-0.649**	0.250	-0.625*	0.250	-0.722***	0.213	-0.729***	0.214
样本量	1645	1645	1847	1847				
R^2	0.159	0.161	0.141	0.142				

注：同表 6-4。

虽然这里也无法区分父母社会经济特征对子女的影响，到底是通过消费、储蓄、投资，还是通过直接财产转赠，但可以通过数据中一些其他信息反映直接的财产转赠。CFPS 向调查对象收集了“去年，您是否从家人或亲友处得到经济帮助”的数据，虽然“家人或亲友”所覆盖的范围更大，但也能提供一些侧面的父母经济支持信息。表 6-10 显示，16～30 岁的城市男性，3 岁时为非农户口的接受过家人或亲友经济支持的比例接近 50%（46.74%），3 岁时为农业户口对应的比例是31.51%。而31~40岁和41~60岁接受过经济帮助的比例则大幅度下降。可见，年轻人更需要也更可能得到家人或亲友的经济支持。正如前文介绍，3岁时户口性质实际上反映的是父母的户口背景，也即社会经济背景，非农户口的父母在社会经济地位上高于农业户口的父母，从经济基础上也更可能给子女提供支持。这里借鉴发生比率（Odds Ratio）的思想，探究是否年轻的队列受父母户口背景影响更大，即对于年轻的队列，社会经济越好的父母其子女是否更有可能获得经济支持。我们分别计算了分年龄队列的3岁时户口性质获得过经济支持的发生比率。表6-10显示，16~30岁年龄组在3岁时为非农业户口的获得家人或亲友支持的可能性更大，反映了出生背景对经济支持的影响，也从侧面反映青年群体的资产积累更可能受到父母财产转移的影响。

表6-10 去年一年是否从家人或亲友处获得经济支持（城市男性）

单位：%

	3岁时户口性质	否	是	发生比率
16~30岁	农业	68.49	31.51	1.91
	非农	53.26	46.74	
31~40岁	农业	82.18	17.82	1.79
	非农	72.08	27.92	
41~60岁	农业	83.83	16.17	1.62
	非农	76.17	23.83	

同时，CFPS调查也向60岁以上的老年人收集了“您为哪些子女提供经济帮”。结果显示，在61~70岁的男性老年群体中，非农户口的人有17.06%给子女提供过经济帮助，农业户口的人为6.88%，再次从侧面反映城市父母对子女进行财产转移的可能性更大。

（3）住房资产与非住房资产的差异

根据经验以及一些现有的实证研究结果，在城市地区，父母资助子女购买住房是父母经济支持的一个非常重要的方面，所以对于住房资产，父母的影响（如果存在）则更可能是直接的财产转移。结合前面提到的时代背景，年轻组在购买住房方面更需要父母的支持，那么，对于住房资产和非住房资产，父母社会经济特征的影响是否存在队列效应呢？分住房资产和非住房资产构建模型，如表6-11所示。

结果显示，对于 16~30 岁年龄组的城市男性，3 岁时户口性质为非农的人群住房资产的确显著高于 3 岁时户口性质为农业的人［β = 1.504 - 1.090 = 0.414，exp（0.414）= 1.513］。而非住房资产上却没有队列效应。这从侧面验证了父母对子女财产水平的影响，特别是直接转赠主要发生在年轻队列中。

表 6-11　住房资产和非住房资产

	城市男性				城市女性			
	住房资产		非住房资产		住房资产		非住房资产	
	系数	标准误	系数	标准误	系数	标准误	系数	标准误
3 岁时户口性质（参照组：农业）								
非农	-1.090**	0.410	0.034	0.266	-0.510	0.392	0.102	0.270
父母平均受教育年限	0.056	0.047	0.028	0.031	-0.026	0.046	0.069*	0.032
父母职业［参照组：(1)］								
(2)	-1.160+	0.702	-0.622	0.454	-0.222	0.649	-0.469	0.448
(3)	-0.171	0.487	-0.316	0.316	-0.491	0.461	0.157	0.317
(4)	-0.777	0.605	-0.985*	0.392	-0.938+	0.569	-0.272	0.391
年龄队列（参照组：41~60 岁）								
16~30 岁	-3.115**	1.127	-1.161	0.724	-2.662**	1.014	-0.408	0.697
31~40 岁	-2.725**	0.842	-0.813	0.543	-1.386+	0.760	-0.822	0.524
16~30 岁 * 3 岁户口为非农	1.504*	0.707	0.473	0.454	0.897	0.683	-0.374	0.469
31~40 岁 * 3 岁户口为非农	0.685	0.619	0.753+	0.399	-0.053	0.575	0.284	0.394
16~30 岁 * 父母平均受教育年限	0.051	0.094	0.114+	0.060	0.129	0.088	0.032	0.060
31~40 岁 * 父母平均受教育年限	0.017	0.076	0.037	0.049	0.105	0.069	-0.017	0.048
父母职业 2 * 16~30 岁	1.012	1.080	-0.680	0.696	1.302	1.007	0.103	0.694
父母职业 3 * 16~30 岁	0.209	0.859	-0.149	0.554	0.255	0.776	-0.458	0.534

续表

	城市男性				城市女性			
	住房资产		非住房资产		住房资产		非住房资产	
	系数	标准误	系数	标准误	系数	标准误	系数	标准误
父母职业 4 * 16~30 岁	0.411	1.231	0.150	0.787	0.800	1.061	0.037	0.726
父母职业 2 * 31~40 岁	2.700*	1.157	-0.758	0.750	-0.289	1.043	0.948	0.716
父母职业 3 * 31~40 岁	1.514*	0.755	0.103	0.487	-0.081	0.692	0.233	0.477
父母职业 4 * 31~40 岁	2.531**	0.944	1.385*	0.609	-0.007	0.840	1.302*	0.577
受教育年限	-0.004	0.041	0.003	0.027	-0.025	0.037	0.009	0.025
党员身份（参照组：否）								
是	0.259	0.357	0.512*	0.231	0.951+	0.496	-0.338	0.344
工作单位（参照组：政府部门或国有/集体事业单位）								
国企	0.385	0.404	0.132	0.262	0.731+	0.407	0.457	0.281
其他单位	0.260	0.384	0.000	0.249	0.285	0.490	0.529	0.337
是否有下属（参照组：否）								
是	0.293	0.360	0.718**	0.233	-0.077	0.479	0.671*	0.330
是否有个体经营/私营产业（参照组：否）								
是	-0.642+	0.372	1.084***	0.239	-0.642+	0.349	0.890***	0.239
家庭收入对数	1.749***	0.150	1.465***	0.095	1.391***	0.132	1.461***	0.089
婚姻状态（参照组：不在婚）								
在婚	-0.370	0.423	-0.268	0.271	0.095	0.374	0.148	0.256
兄弟姐妹数	-0.026	0.082	0.052	0.053	-0.125+	0.075	-0.045	0.051
户口（参照组：农业）								
非农	0.240	0.340	-1.124***	0.221	-0.253	0.306	-0.647**	0.210
流动状态（参照组：未流动）								
跨县流动	-2.495***	0.353	0.429+	0.225	-1.937***	0.329	0.165	0.224
常数	-9.150***	1.969	-5.481***	1.251	-4.970**	1.756	-5.733***	1.187
样本量	2093				2376			

6.4　结论与讨论

家庭社会经济地位的代际流动是社会学、经济学等多学科的重大议题，相关的理论、实证研究都非常多，但针对财产的研究却相对较少，在中国更是缺乏。本研究利用最新的调查数据，使用实证研究方法，探究父母社会经济特征对子女财产水平的影响机制。

父母社会经济特征对子女财产水平的影响，一方面是通过影响子女的社会经济特征，包括教育、工作和收入，从而间接影响子女的财产水平；另一方面，还可能通过影响子女的储蓄、消费、投资和直接的财产转赠而影响子女的财产水平。

父母对子女财产水平的影响存在队列效应。户口背景和教育水平对子女财产水平的影响在 16~30 岁的年轻队列里体现得最明显，同时这种队列效应主要体现在住房资产上，而不是非住房资产上。这从侧面反映，在财产积累的起步阶段，在房价持续攀升的城市地区，年轻群体尤其是男性更需要父母的经济支持。

在目前的中国，不同年龄队列所经历的时代境遇是不一样的。由于几个年龄队列出现在不同的时代，经历了不同的社会经济发展，其财产水平所受到的影响因素也是不一样的。

老年群体（大致对应 2010 年 60 岁以上的老年人）：生活在“大锅饭”的平均主义时代，私有财产受到限制，因为没有赶上市场改革而失去了积累财产的机会。

中年群体（大致对应 2010 年 41~60 岁的人）：出生在改革开放前，成长在市场化改革背景中，尽管有研究者表明，在市场化改革过程中，市场因素、效率因素在经济回报中所起的作用越来越大，制度性因素作用在减弱（Nee，1989，1991，1996），但是体制性资本的作用在财产积累中得以强化，比如福利分房。而随着住房私有化以后，城市房价上涨，进一步强化了既得利益者的已有的经济利益，比如出售住房获得的财产、出租房屋获得的收入，即使福利分房完全是居住使用功能，但因不用购买住房或还贷而节省下来的收入又可以转化成其他形式的财产。因此，这个群体从市场改革中获得的经济优势最多，市场改革和原有制度优势相互强化，极大地增强了这个群体的财产优势。

青年群体（大致对应 2010 年 31~40 岁的人）：出生于 20 世纪 70 年代，他们中一部分赶上了单位分房、福利分房以及房价相对稳定的时代，积累了一些财产。

最年轻的群体：出生20世纪80年代以后，参与工作、创造资产基本上始于2000年以后。在城市，这个年轻群体赶上房价迅速攀升，因此，短短几年的收入积累使这个群体中大多数人并没有能力购买住房或建造住房，父母直接的经济资助是该群体财产水平、有没有住房和住房价值的重要影响因素。同时，这个群体成长在市场化深入改革时期，新获得的体制资本优势并不能直接帮助他们获得经济上的优势。

Xie和Jin（2015）将中国的代际流动总结为三个时代，改革开放前，政治资本占主体地位，社会地位高的家庭通过政策如“顶替”父辈职位传递优势。在市场经济逐渐引入的时代，人力资本的作用上升，社会地位高的家庭通过提高子女的受教育水平而传递优势。在财产越来越重要的第三个时代，父母一方面通过教育这个中介变量增加子女的经济优势；另一方面可以直接将私有财产转赠给子女，直接提高子女的经济优势，这是一种新的、重要的代际流动方式，对社会分层和社会流动的意义可能更大。从目前情况看，年青一代极大地获益于父辈的经济优势，因此，父辈的社会经济地位差异决定了下一代的社会经济地位格局。Xie和Jin（2015）进一步预测，未来社会流动会减弱，因为教育作为父母地位影响子女地位的中介变量起的作用会减弱。随着市场作用的深化，代际流动如何变化，还需要更多的实证研究揭开谜底。

本章的研究有一些局限性，未来在数据可获得的情况下，需要进一步探究。首先，衡量父母社会经济地位的最直接指标应该是财产水平和收入，但是调查并没有收集这两个数据，只能以父母受教育程度、户口背景和职业代替其社会经济地位。其次，父母受教育程度和职业是孩子14岁时的状况，之后可能有一些变化，比如职业流动，由于缺乏数据，研究中无法控制这些变化。

第7章 时代变迁下家庭背景对城市青年住房产权的影响

7.1 引言

本研究第5、第6章直接以家庭总财产作为因变量，分析了其背后的影响因素。本章转而将焦点集中在住房资产上。为什么单独关注住房资产呢？这里既有实际可操作层次的原因，也有理论层次的考虑。本研究探究家庭财产的影响因素，从静态角度，力图回答目前是哪些因素影响家庭财产水平；从动态角度，则试图把握各因素影响大小和方向的变化。前者仅需要一年的截面数据，而后者则需要长期的追踪数据或者至少是几个时间点上的截面数据。目前已有的财产调查数据最早出现在1988年的中国家庭收入调查项目（CHIP）中，此后，1995年、2002年和2007年又相继开展了后续调查。这几次数据看似可以满足动态分析需求，但实际上却存在一些问题，2007年调查中财产数据询问方式较为粗糙，导致财产估计有偏差，与前几年的可比性不强（Li，Sato and Sicular，2013）。如果结合不同来源的数据，比如CHIP数据和CFPS数据，由于抽样的不同和覆盖范围的不一致，也存在不可比问题。如果只关注住房资产，则以上这几个有关数据的问题可以得到解决。本章使用CGSS历年调查数据，解决了数据的一致性问题。

更为关键的是，研究住房资产具有非常重要的理论意义。住房资产是我国大多数家庭中财产的最大组成部分。2012年，住房资产分别占城市家庭和农村家庭财产的79%和61%，从2010年到2012年两年的财产增长中，住房资产增长量占了一半以上，而且住房上的差异成为财产差异的主要贡献因素（Xie and Jin，2015）。在缺乏多年财产调查数据的情况下，对于多数家庭中一项最大的资产——房产，研究其影响因素及随时代的变化，将有利于深入了解家庭财产的影响机制。住房资产作为许多人一生中一项最大的资产，有没有和何时有都是财产积累的重要表现形式，它是家庭社会地位的标志（Henretta，1984）。拥有住房的家庭，由于不需要为住房储蓄，所获得的收入可以用来投资形成其他形式的财产。已有研究认为，社会分层研究中有必要纳入住房不平等作为一个重要的维度（Kutz and Blossfeld，2004），住房不平等是社会不平等的重要原因（Forrest and William，1990；Hamnett，1991）。而且，住房不平等不同于收入不平等，它对下一代不仅可以通过影响教育获得进而影响职业和收入从而产生间接影响（Haurin，Parcel and Haurin，2002；Green and White，1997；Henretta，1984），还有可能增值，并通过遗产或馈赠的形式直接传给下一代，具有直接的传递性（Oliver and Shapiro，1997）。在中国的市场化和住房私有化背景下，第一代的低收入组没有房产，而高收入组有房产，在房价攀升的背景下，两组之间的财产差距扩大，下一代社会流动的起点受到影响（任强、胡荣琴，2013）。住房产权的不平等在代与代之间的持续比收入不平等更难以改变（任强、胡荣琴，2013）。

基于以上考虑，本章选取住房产权这个变量，从时间维度动态地考察影响财产积累因素的变化。鉴于农村的住房基本以自建为主，不参与市场交易，分析限定在城市样本中。利用2003年和2013年的CGSS数据，考察2003~2013年这个时期影响中国城市青年是否有住房产权的因素的变化，特别是家庭背景的影响。2003~2013年尽管只经过了短短10年的时间，但在时代背景上具有重要的意义。第一，自1998年住房私有化改革起，单位直接分房的时代一去不复返，取而代之的是单位的住房补贴、经济适用房、廉租房等一些形式[①]，新进入劳动力市场的年轻人越来越依靠市场获得住房（Man，Zheng and Ren，2011）。2000年，城市住房拥有率已经达到了80%以上（Yemtsov，2008），住房私有化的快速推进意味着依靠市场获得住房时代的到来。不过，在改革后的几年

① 《国务院关于进一步深化城镇住房制度改革加快住房建设的通知》（国发〔1998〕23号）。

内，大力度的住房补贴仍然是购买住房的重要保障，这也就意味着，制度性的影响因素在住房产权中仍起着非常重要的作用。Walder 和 He（2014）、Logan、Fang 和 Zhang（2009）分别在利用 2002 年和 2000 年数据研究住房财产不平等时指出，这两年数据所表现出的模式可能只能代表当时的情况，之后房地产市场发生了很大的变化，各因素的作用如何变化还需要进一步的研究。2003～2013 年这个时间段刚好填充了已有研究在时间上的缺陷。第二，这期间中国房地产市场经历了一个快速繁荣时期，住房投资以每年超过 20%的速度增长（Man，Zheng and Ren，2011），房地产市场的繁荣推动了房价高速增长，高昂的房价超出了很多家庭的购买能力。房价收入比是体现家庭购买住房能力的直接指标，一般而言，这个比值超过 5.1 就可以认为是房价严重过高。根据中国 2010 年城乡住户调查数据，中国城市的房价收入比达到了 7.07（Man，Zheng and Ren，2011），在上海 2012 年甚至高达 16.4（任强、胡荣琴，2013），这远远超出了一般家庭的购买能力。第三，2000 年以来，城市化快速推进和高校扩招两大因素使得越来越多的年轻人流动到城市，并在城市长期定居、生活。但是，城市中高昂的房价使他们对住房产权“望而却步”。新生代农民工只能“蜗居”在条件很差的流动人口聚居区，新进入劳动力市场的大学毕业生也成了“蚁族”。城市青年的生活状况在这样的时代背景下似乎有恶化趋势。因此，这样一个特殊的市场转型背景为讨论住房产权差异及其变化提供了很好的时代素材。

这里界定的研究对象是 25～34 岁的城市青年。为什么关注青年人这样一个群体呢？青年的父辈刚好经历了市场经济改革、住房改革，积累了一定财产，为代际流动研究提供了可能。这一代青年人的父辈的财产水平、差异已经形成，可以说已经形成了既定的社会分层秩序。他们的社会经济地位如何影响子女的社会流动，是一个既有理论意义也有实际意义的研究话题。从青年人自身角度，他们正在经历中国的经济改革和市场转型，在新的经济形势和制度体系下，先天的家庭优势和后天获得的优势到底哪个作用更大，也是一个值得探索的问题。从理论角度，研究这一代青年的经济不平等有利于加深对中国特殊背景下社会分层、社会流动的认识，进一步思考市场转型理论在中国的适用性，以及探讨未来代际流动的变化趋势。

已有关于住房不平等的研究非常多，基本结论是，社会经济特征（如教育、收入）和制度特征（如工作单位、职称、党员身份）共同导致了住房不平等

（Logan et al.，1999；Li，2000；Pan，2004；Huang and Clark，2002；Li and Li，2006；Huang and Jiang，2009）。但可以看出，目前的研究多从一代人的角度展开分析，很少关注父辈的影响，同时也忽视了时代变化产生的影响。本章力图从这两个全新的角度探索青年人住房不平等随时代变迁而发生的变化。

7.2 市场转型、家庭背景与住房产权获得

7.2.1 市场转型与住房产权获得

市场转型理论强调市场改革中对效率的重视，提出人力资本的回报率会越来越高，相反，政治因素的作用在下降（Nee，1989，1991，1996）。一些实证研究也证实了这样的结果，比如Song和Xie（2014）用住房面积作为因变量，认为市场转型理论很好地解释了住房面积的影响因素的变化——市场因素（教育和收入）逐渐取代再分配因素（工作单位和干部身份）成为住房面积的主要影响因素。不过，有研究表明，改革前分配制度的影响持续存在（Logan，Fang and Zhang，2009）。

关于市场转型中经济回报率的理论争论多集中在对收入的讨论上。实际上，讨论经济不平等，除了收入，家庭财产、住房都是可替代的甚至是更重要的家庭经济福利指标。那么，以这些指标去检验市场转型理论，还会得到同样的结论吗？目前，大量有关住房不平等的研究探讨了制度因素和市场因素的作用。首先，制度要素（比如工作单位类型、在单位内部的政治地位、党员身份）起着不可忽视的作用，因为改革时期的住房市场非常复杂，与传统的计划经济有着千丝万缕的联系（Li，2000）。这一时期，是否有住房直接与制度性因素挂钩，市场改革对社会不平等并没有产生根本性的影响（Walder，2002），经济机会可能会波及那些没有体制性资源的人，人力资本回报率提高，但是并没有影响到再分配者的利益（Walder，2002）。归根结底，在既有住房制度下获利的人随着房地产市场的扩张会持续获利（Zhu，Fu and Ren，2014），已有的制度或结构不平等会得以强化（方长春，2014）。尤其是伴随着2000年以来的城市房价高速增长，已有住房的人房产增值，从中获得了巨大的利益，进而出现房产投资，从而进一步抬高了市场房价，挤占了普通家庭的消费性住房需求

（陈彦斌、邱哲圣，2011），拉大了住房资产差距。但与此同时，一系列有关住房不平等的研究表明，代表市场因素的个体或家庭社会经济特征也是影响住房产权、质量和价值的重要因素。市场因素——收入和教育在改革时期对住房获得的影响在上升（Huang and Clark，2002）。这是符合经济发展和市场转型规律的。

对于青年一代，几个典型的特征可能使现有研究结论并不适用于这个群体：（1）2003 年的青年群体处在住房私有化改革的尾期，1998 年的住房改革结束了单位直接分房（Man，Zheng and Ren，2011），但住房补贴和低价从单位购买住房还普遍存在，部分青年人受到了这个制度的影响，制度因素在获得住房方面可能起着重要作用；（2）到 2013 年，城市住房普遍商品化，单位的福利分房减少，青年组主要通过从商品化住房市场上购买住房的途径获得住房，市场因素作用体现；（3）青年组的父母都经历了市场转型和社会变革，积累了私人财产，为财产的代际流动提供了可能。

7.2.2　家庭背景与住房产权的获得

现有市场转型理论关注的是个体自身的特征，比如工作单位、受教育程度、收入。实际上，从家庭和代际视角看，财产的影响因素应该包含父辈的特征，因为住房不同于工资收入，除了可以通过自己劳动挣得，还可以通过父辈的财产转赠或遗产获得。这使得家庭背景的作用显得更为重要。因此，如果要解释住房不平等，应该纳入家庭背景，回答：随着市场改革的深入，个体自身特征作用在增大吗？家庭背景因素在减弱吗？

已有研究中经常使用的家庭背景变量是父母的职业、受教育程度，这里沿用传统做法，考虑父母的职业和受教育程度的影响。但同时，引入户口变量，作为家庭背景的重要变量。始于 1955 年的户籍制度，把人口分为农业户口和非农户口，教育、工作机会、社会保障、住房状况、收入水平等一系列资源配置和人生际遇都与户口有关（林易，2010；边燕杰、李颖晖，2014），户口成为刻画中国社会结构差异最重要的参数（郑冰岛、吴晓刚，2013）。不过，改革开放以后，农业户口可以通过一些途径转成非农户口，比如教育、参军（Wu and Treiman，2004）。“农转非”这批人通过自身奋斗，成功实现身份转换，跨越了城乡壁垒，实现了向上的社会流动。这批跻身城市的农村青年是非常具有选择性的，只有农村的精英才有机会。那么，是不是他们获得了城市户口，就完全消除了跟城市本地人的差距呢？有研究表明，“农转非”这个高度选择性的群体与城市本地人相比，在收入上具有优势，收入回报甚至高于出身城市的居民（郑冰岛、吴晓刚，2013）。但有学者专门研究户籍背景对职业晋升的影响，发现“农转非”群体通常在中级向高级职称晋升时存在劣势，而且很难在行政上获得晋升，也难以在体制外获得高级管理职位（林易，2010），“农转非”群体社会资本缺乏是可能的原因之一。可见，尽管跨越了户口壁垒，获得了同等甚至具有优势的收入，“农转非”群体跟城市出身居民在某一些方面仍然存在差距。作为家庭财产的最大组成部分——住房资产，我们关心的是，户籍背景会影响到住房资产积累吗？

为什么户籍出身会跟住房资产获得息息相关呢？经历市场改革、住房改革，城市的工薪阶层通过单位获得了住房，随着住房的商品化，拥有住房的家庭积累了一大笔财产（Xie and Jin，2015），这个阶层刚好是我们研究对象——青年人——的父辈。而那些生活在农村的父辈并不具备这样积累财产的机会和条件。所以，财产的代际流动可能会给青年人住房资产获得带来差异。

为了充分反映家庭背景中户籍出身的影响，本研究将城市青年分为三类人：从出生就是非农户口的青年、“农转非”青年和农业户口青年。而“农转非”群体有必要进一步细分，随着国家行政区划的改革，“农转非”群体中除了通过升学、工作调动、参军等我们称作是自己奋斗的途径实现外，还有一部分是国家政策的影响，比如征地、拆迁、购房等，这两个群体是有很大差异的，我们更关心前者，称之为“选择性农转非”，后者则称为“政策性农转非”（郑冰岛、吴晓刚，2013）。农业户口青年则是从农村流入城市的流动人口。

7.2.3 小结

综上所述，关于住房不平等的已有研究非常多，基本结论是，市场经济特征（如教育、收入）和制度特征（如工作单位、职称）共同导致了住房不平等（Logan et al.，1999；Li，2000；Pan，2004；Huang and Clark，2002；Li and Li，2006）。但可以看出，目前的研究多从一代人的角度展开分析，很少关注家庭背景的影响，同时也忽视了时代变化产生的影响。本章引入代际视角和时代变迁视角，观察家庭背景对子女影响的变化，有利于拓展中国社会转型背景下社会分层和社会流动理论。

7.3　数据和方法

7.3.1　数据

本章使用 2003 年和 2013 年中国综合社会调查（CGSS）数据。中国综合社会调查是由中国人民大学中国调查与数据中心负责执行的一项对社会全面的、系统的、标准化的、定期的和连续的调查项目，目的在于反映社会变迁的长期趋势，探讨具有重大科学和现实意义的议题。2003 年是中国综合社会调查的第一期，只调查了城镇地区，采用多阶段分层的不等概率抽样方法，在全国 28 个省、直辖市、自治区（除西藏外）、92 个县级单位、262 个街道、559 个居委会抽取了 5894 户家庭进行调查。调查内容涉及教育、就业、户口、收入、住房等主要的社会经济内容。2013 年为中国综合社会调查（CGSS）第二期（2010~2019）的第 4 次年度调查。调查仍然采用多阶段分层的不等概率抽样方法。在每个抽取的家庭，采用 KISH 表随机抽取一人进行访问。总样本量为 11438 个。[①] CGSS 数据除了询问被访者的信息外，2003 年和 2013 年还分别询问了 18 岁和 14 岁时父亲和母亲的教育、单位性质等一些情况。2003 年和 2013 年都收集了被访者的住房产权信息，可以进行比较研究。

研究对象

本章研究对象为 25~34 岁的城市青年人。以 25 岁为界而没有把更低的年龄包含进来，是考虑到通常本科毕业年龄在 22 岁左右，包含更低的年龄增加的只是流动人口样本量，而并不能增加更多持有城市户口的人，而后者是我们重点关注的对象。同时，在 22 岁毕业后进入劳动力市场，到 25 岁以后基本上有了买房的需求和可能性，为住房研究提供了可能。关于青年人的划分口径，目前国际、国内并没有一致的标准，15~28 岁、15~34 岁、18~40 岁、16~45 岁等各种口径都有，为了对比青年住房影响因素的时点差异，避开两个时点重合的年龄组，本

---

① 资料来源：http：//www. chinagss. org/。

研究年龄上限以 34 岁为界。另外，样本里面还有一些户口在本地但又是农村户口的人，分析中也删除了这部分人，最后留下的城镇地区农业户口的人就是从农村流入城市的流动人口。样本限定在 2003 年和 2013 年均调查的省份。在清理了各个变量的缺失值后，2003 年和 2013 年城市青年人 25~34 岁的最终样本量分别为 810 个和 796 个。

7.3.2 方法

因变量

住房产权作为因变量，是否有住房产权直接反映了在住房财产上的差距，在住房资产占城市家庭总财产接近 80%的情况下（Xie and Jin，2015），有住房产权和无住房产权直接体现了财产水平差距。同时，在指标的量化操作上，将现住房产权在自己、配偶、父母或子女名下的记为拥有住房产权，其他情况比如租住房子、借住亲戚或者房屋产权属于其他人则记为没有住房产权。

自变量

关键的自变量是家庭背景变量。户口一向是不平等研究中的重点（Wu and Treiman，2004，2007；吴晓刚，2006；吴晓刚、张卓妮，2014），这里将被访者的户口分为四类：（1）因升学、参军、工作、转干四种情况而从农业户口转为非农户口（选择性农转非）；（2）因征地（包括村改居）、家属随转、购房、户口改革和其他原因而从农业户口转为非农户口（政策性农转非）；（3）从出生就是非农户口；（4）农业户口。这四种类型的户口分别代表了四类不同的人，选择性农转非的人可以被认为通过自身奋斗留在了城市，他们的父母多在农村生活；政策性农转非比较特殊，是受征地、户口改革影响的人，虽然改变了户口性质，但改革前一般为农村地区住房多为自建房，跟城市从房地产市场上购买不同，家属随转和购房而获得非农户口的人的特征也不同于选择性农转非人群，这个群体并非本研究关注的重点；第三类可以看成是“土生土长”的城市人，他们的父母多为非农户口，在城市生活；第四类则主要是由农村流入城市生活但并未获得城市户口的农村流动人口和当地城市的农业户口者。

除了户口信息外，父母的工作单位和教育也是重要的家庭背景信息。传统代际影响研究中，一般使用父亲的信息代表家庭背景、家庭社会经济地位或阶层。

但有研究提出，传统的这种做法不足以充分反映阶级的代际流动，代际社会地位流动模型中应该同时包含父母二人的信息（Belier，2009）。2003年数据收集了被访者18岁时父母的职业和教育信息，2013年数据收集了父母的最高受教育程度和被访者14岁时父母的职业信息，可以充分利用被访者父母二人的信息，构建父母共同特征变量。父母的受教育程度用父母二人平均受教育年限，如果父母其中一人受教育年限缺失，则使用未缺失的人的值。父母的工作单位变量分为三类：父母至少有一人在体制内工作，父母均在体制外工作或者一人在体制外工作另外一人从事农业或无业，父母两人均从事农业或无业。父母在党政机关、国有企业、国有事业单位工作划分为体制内工作，其他工作单位（集体企事业、个体经营、私/民营企事业、三资企业、其他）划归为体制外工作，农业或无业划分为一类。需要说明的是，这里分类并未将父母在党政机关单独列出，而是将体制内分为一类，一是因为父母在党政机关工作的样本量较少；二是对于父母一代，体制内工作能够代表一种资源和优势。

除了家庭背景变量，研究还关注个人特征对住房产权的影响，重点分析被访者单位性质、教育水平和收入。单位类型分为体制内、体制外、无工作三类。教育水平分为初中及以下、高中、大专及以上三类。2003年和2013年调查都询问了前一年家庭年收入。缺失的收入，根据被访者填报的个人收入和配偶收入进行填补。考虑到一部分家庭收入为0，在最终的收入值上统一加1，并取对数。家庭收入在预测住房产权上虽然并不是一个最理想的变量，因为它并不是购买住房之前的收入水平，但考虑到家庭收入是市场能力的代表以及对大多数家庭而言收入是稳定的，使用前一年家庭人均收入是合理的。

控制变量

模型中控制了受访者的年龄、性别、婚姻状况、家庭人口数几个人口学特征变量。众多研究表明，住房不平等存在巨大的区域差异，区域发展水平和市场化程度的差异会导致各地区间住房产权的极大不同（Zhu，Fu and Ren，2014）。所以在分析住房产权的影响因素时，模型中也控制了省份变量，以控制省级未观察到的异质性。

样本的基本情况见表7-1。

表 7-1 样本中自变量的基本特征描述

		2003 年	2013 年
个人特征			
教育水平			
初中及以下	%	32.7	19.4
高中	%	35.7	23.7
大专及以上	%	31.6	56.9
收入	均值（元）	27540	96593
	标准差（元）	50142	194167
工作单位			
体制内	%	44.2	25.9
体制外	%	29.7	58.9
无工作	%	26.2	15.1
家庭背景			
父母的工作单位			
体制内	%	63.0	38.3
体制外	%	12.8	32.4
农业/无业	%	24.2	29.3
父母的平均受教育年限	平均值（年）	2.7	3.0
	标准差	1.2	1.2
户口性质			
非农	%	60.7	54.9
选择性农转非	%	14.9	11.6
政策性农转非	%	19.3	11.8
农业	%	5.1	21.7
控制变量			
年龄	平均值	29.5	29.1
	标准差	2.6	2.7
性别（男）	%	44.4	51.6
婚姻状况（在婚）	%	83.1	67.2
家庭人口数	平均值	3.5	3.0
	标准差	1.4	1.3
省份	略	—	—
样本量		810	796

7.4　结果分析

7.4.1　描述结果分析①

（1）2003 年、2013 年青年人住房状况变动

2003 年以来，社会、经济、人口都发生了较大的变化，相应的，住房产权不平等模式也发生了一些变化。随着房价的上升，住房资产整体的不平等程度也在上升。那么青年组在这段时间里住房状况是如何变化的呢？我们对 25～34 岁和 35 岁及以上两个年龄组进行对比分析。住房产权情况相对复杂，除了自己或配偶拥有产权外，还有可能父母、祖父母、子女或其他亲戚拥有产权。对于 25～34 岁青年组，现住房产权属于自己、配偶、父母或子女的比例均大幅度下降，而“没有产权”从 2003 年的 26.8%上升到 2013 年的 48.1%。而 35 岁及以上年龄组“没有产权”只是略有上升，从 2003 年的 17.5%上升到 2013 年的 20.5%。两个年龄组的住房产权拥有情况差距在扩大。

表 7-2　不同年龄组住房产权比较

单位：%

	25～34 岁		35 岁及以上	
	2003 年	2013 年	2003 年	2013 年
自己/配偶的产权	34.5	26.7	70.9	66.8
父母/子女的产权	38.7	25.2	11.6	12.8
没有产权	26.8	48.1	17.5	20.5

注：使用了抽样权重。

（2）青年人住房状况变化的内部异质性

从以上的数据结果可以看出，青年人的住房产权拥有比例在 2003～2013 年的十年间在下降。那么，是不是所有青年的情况都一样呢？换句话说，青年组内部有差异吗？

① 描述结果分析用到了数据中的个人权重。

先看青年组家庭背景跟住房产权变动的关系。表 7-3 呈现了父母工作单位与住房产权的关系。结果显示，无论父母工作单位性质如何，青年组没有产权的比例都在上升，三个组上升的幅度差异较大，从 2003 年到 2013 年，父母的工作单位性质为体制内、体制外、农业/无业三个群体没有住房产权的比例分别上升了 10.1、20.8 和 32.1 个百分点。

表 7-3　25~34 岁青年组的父母工作单位与住房产权

单位：%

	年份	自己/配偶的产权	父母/子女的产权	没有产权
体制内	2003	35.5	41.7	22.8
	2013	35.7	31.4	32.9
体制外	2003	25.7	48.4	25.9
	2013	22.6	30.8	46.7
农业/无业	2003	36.7	25.4	37.9
	2013	19.9	10.2	70.0
合计	2003	34.5	38.7	26.8
	2013	26.9	25.1	47.9

注：使用了抽样权重。

户口性质反映的是户口出身，是重要的家庭背景变量。表 7-4 呈现了分户口性质的住房产权拥有情况。户口出身是非农的青年组从 2003 年到 2013 年没有产权的比例从 24.1%上升到 31.4%，增加了 7.3 个百分点；选择性农转非人群没有产权的比例从 33.1%上升到 49.1%，增加了 16 个百分点；农业户口人群没有产权的比例从 73.0%上升到了 88.2%①，增加了 15.2 个百分点。这实际上意味着住房市场环境比房价快速攀升带来的不利影响对某些青年人群更大，比如通过自身奋斗从农村进入城市的青年和从农村进入城市务工的青年。

① 不包含老家的住房产权。

表 7-4　分户口性质的 25~34 岁青年组住房产权变动情况

单位：%

	年份	自己/配偶的产权	父母的产权	没有产权
非农	2003	33.6	42.3	24.1
	2013	33.9	34.7	31.4
选择性农转非	2003	43.8	23.2	33.1
	2013	26.9	24.1	49.1
政策性农转非	2003	33.5	46.7	19.8
	2013	30.0	29.8	40.2
农业	2003	21.2	5.8	73.0
	2013	9.3	2.6	88.2
合计	2003	34.5	38.7	26.8
	2013	26.9	25.1	47.9

注：使用了抽样权重。

从以上描述性结果看出，在市场经济不断深化的背景下，青年人总体的住房状况呈恶化趋势。但这种变化是具有异质性的，青年人内部有较大的差异，受到住房市场价格上涨影响最大的是通过自身奋斗从农村进入城市的青年和由农村进入城市打工的流动青年。

7.4.2　回归分析

（1）回归结果

为了深入探索青年住房不平等的影响因素及其变化，本部分使用 Logistic 回归模型，在控制其他可能影响住房产权的因素的条件下，重点关注家庭背景对青年人住房产权的独立影响及其变化（见表 7-5）。

表 7-5　住房产权的回归结果

	2003 年		2013 年		卡方值	p 值
	系数	标准误	系数	标准误		
家庭背景						
父母的最高受教育年限	0.109	0.083	-0.022	0.086		
父母工作单位（参照类：体制内）						

续表

	2003 年		2013 年		卡方值	p 值
	系数	标准误	系数	标准误		
体制外	-0.246	0.259	0.023	0.246	0.57	0.4503
农业或无业	-0.321	0.222	-0.752**	0.289	1.38	0.24
户口性质（参照类：非农户口）						
选择性农转非	-0.032	0.249	-0.800*	0.319	3.56+	0.0593
政策性农转非	0.333	0.236	-0.814**	0.310	8.59**	0.0034
农业户口	-1.543***	0.393	-2.620***	0.308	4.55*	0.0328
个人特征						
党员身份（参照类：否）						
是	-0.449+	0.261	0.095	0.278		
受教育程度（参照类：初中及以下）						
高中	-0.096	0.215	-0.003	0.294		
大专及以上	0.139	0.262	0.411	0.314		
工作单位（参照类：体制内）						
体制外	-0.161	0.208	-0.076	0.232		
农业/无业	-0.033	0.244	0.156	0.335		
年龄	0.036	0.031	0.066+	0.035		
控制变量						
性别（参照类：女）						
男	0.121	0.171	-0.189	0.191		
婚姻状况（参照类：在婚）						
未婚	-0.190	0.263	-0.189	0.236		
离婚或丧偶	0.186	0.590	0.116	0.814		
家庭规模	0.271***	0.072	0.548***	0.090		
家庭收入对数	0.351***	0.098	-0.011	0.047	7.49**	0.0062
常数	-5.522***	1.511	-1.672	1.342		
样本量	927		875			

注：（1）模型中以虚拟变量的形式控制了省份差异；（2）*** $p<0.001$，** $p<0.01$，* $p<0.05$，+ $p<0.1$。

2003 年，父母的工作单位性质对获得住房产权的可能性没有显著性的影响。到 2013 年，父母从事农业/无业的青年组在住房产权拥有上的概率显著小于父母在体制内工作的青年。在户口出身上，2003 年，选择性农转非青年群体和出生就是非农户口的群体之间没有呈现出显著的差异，不过农业户口的青年群体拥有住房产权的概率显著小于出生就是非农户口的群体。到 2013 年，各个户口类型之间的差异显现出来了，统计结果出现了方向上的变化。选择性农转非群体和农业户口群体拥有住房产权的可能性显著低于从出生就是非农户口的群体。与非农户口青年相比，农业户口的青年群体获得住房产权的可能性进一步下降，而且这种变化通过看似不相关回归的卡方检验是显著的。

根据经济学理论，在一个完全商品化的市场上，住房差异受制于人们的“市场能力”，而家庭收入最能反映“市场能力”，是影响住房差异的主要因素（李斌，2004）。所以这里重点考虑家庭人均收入的影响，同时也将传统代表市场因素的变量——教育纳入进来。2003 年，家庭人均收入对住房产权有显著的影响，随着家庭收入的提高，青年人拥有住房产权的可能性明显提高，而教育影响并不显著。到 2013 年，家庭收入的影响出现了重要的变化，家庭收入的影响不再显著。而且经检验，2003~2013 年收入影响的变化是显著的，换句话说，在 2003 年，收入确实能代表购买住房的“市场能力”，收入越高越有可能购买住房和居住更大的房子。而到 2013 年，收入的影响已经不存在了，不再能够代表购买住房的“市场能力”了。

（2）对回归结果的进一步解读

从 2003 年到 2013 年短短十年的时间，为什么主要的家庭背景变量——父母工作单位性质和户口出身对住房的影响出现了如此大的变化？这十年的时间里社会到底发生了什么变化？实际上，2003 年以来，房地产市场上最大的变化就是房产价格一路攀升，在这样的背景下，已经拥有住房的家庭无形之中从住房升值中获得了额外的财富，富裕的家庭热衷于住房投资，进一步抬高了市场房价（陈彦斌、邱哲圣，2011），而对于那些新进入劳动力市场的年轻人，仅仅依靠几年的工资积累根本无力购买住房，父母的经济资助就显得尤为重要了。出身城市的青年的父母在之前的住房改革中获得了福利房或者在市场化过程中积累了资产，有能力为子女提供经济资助。相反，生活在农村的父母或者缺乏体制性资源的父母本身在经济上就处于不利地位，没有能力给子女提供经济帮助。上一代的经济差异在市场化改革的过程中被强化、放大，直接延伸到了下一代。

对父辈而言，影响子女住房的主要机制应该是财产转赠，在市场经济不断深化的背景下，在城市立足的父母，拥有了积累财产的能力，在私企、外企工作或者自己经营私营企业等，在市场经济发展中都能够带来财产的积累。所以家庭背景真正最大的差别就是城乡之别——城市父母和农村父母在经济资助能力上的差别，也就是父母工作单位性质和青年人户口出身所表现出来的差别。与在体制内工作的父母相比，从事农业或者无业的父母更可能缺乏资源，没有资助子女的能力。同理，选择性农转非（通过自身奋斗进入城市的青年）、农业户口的青年和从出生就是非农户口（“土生土长”在城市的青年）家庭背景截然不同，前两个群体多来自农村家庭，而第三个群体多来自城市家庭。城市家庭的父母有能力转赠家庭经济资源给下一代，而农村家庭父母则不一样，不仅无法给子女提供经济补助，甚至反过来还需要子女在经济上提供帮助。

同时也应该看到，2000 年以来的住房有一个不断商品化的过程，政策的直接作用越来越弱。研究表明，在纯粹的市场经济中，住房不平等是由人们的经济状况（或者说支付能力）、家庭生命周期和消费偏好所决定的（方长春，2014）。住房差异受制于人们的“市场能力”，并且在人们的“市场能力”中，家庭收入是影响住房差异的主要因素（李斌，2004）。结果发现，代表“市场能力”的重要变量收入对获得住房产权的影响消失了，为什么会出现这样反常的结果呢？其实上文已经提到，2000 年以后，中国房地产市场繁荣，住房价格一路升高，房价收入比持续上升，很多城市的房价已经超出了普通家庭的购买能力，尤其是刚刚进入劳动力市场的青年人，对高房价更是“望而却步”。所以，收入不再成为获得住房财产的主要预测指标，反而是家庭背景——父母的资助在这种市场环境下显得更为重要了。从代际视角看，父辈的影响在增强，财产代际流动对青年人的财产积累起着重要的作用。父辈的经济不平等通过财产转赠使青年人的住房不平等体现得更为明显。

7.5 结论与讨论

7.5.1 结论

对于住房产权，从 2003 年到 2013 年，家庭背景——父母的工作单位性质和户口出身成为青年人获得住房的重要影响因素。与父母在体制内工作的青年群体相比，父母从事农业或无业的青年群体获得住房的可能性显著降低。本研究还发现，与非农青年相比，靠自身奋斗从农业户口转为非农户口（选择性农转非）的青年和从农村流入城市的流动人口在住房获得上也处于不利地位。2003 年，选择性农转非青年与非农户口青年相比，在住房获得上并没有显著差异；然而到 2013 年，这个群体获得住房产权的可能性显著低于一直是非农户口的人。从农村进入城市的流动青年群体在 2003 年获得住房的可能性就显著低于非农户口青年；到 2013 年，二者差距进一步扩大。

在城市房价攀升并远远超出普通家庭购买能力的今天，是否有房可能主要取决于父母是否给予经济资助。2011 年 CGSS 数据收集了较为详细的房产数据，其中询问了父母/配偶父母在现住房购买中出了多少钱，结果发现，25～34 岁不跟父母居住并且有住房的青年人中，有一半的家庭父母出过钱。由于样本量限制，无法进行更细类别的划分和计算，比如不同社会经济特征下父母资助的差别。不过，这个数据足以说明，在房价居高不下的今天，父母直接的经济资助对城市青年获得住房产权的重要性。

然而，代表“市场能力”的收入对青年家庭获得住房的影响显著下降。2003 年，收入是一个重要的影响因素；而到 2013 年，收入的影响消失了。相反，家庭背景的作用却体现出来了。这实际上反映了在中国特殊的房地产市场环境中，“市场能力”追赶不上不断攀升的房价，进而家庭背景作用凸显，父辈在改革时期积累财产形成的经济差异传递给了下一代。

7.5.2　讨论

住房作为人生中一项重要的财产，其从无到有可以说是人生中财产积累的一项重要的转折（Mulder and Smits，1999）。在中国城市，在住房资产占一般家庭总资产 80%左右的情况下，有没有住房更是城市家庭富裕或贫穷的象征，尤其是对于青年家庭而言，住房资产与其他资产相比显得更为重要。而且，有没有住房将会产生很多重大的社会后果，特别是从代际视角和长远角度看，有没有住房会影响到下一代的发展，首先是影响到下一代的教育获得（Haurin，Parcel and Haurin，2002），进而影响他们的职业地位、收入以及最后的财产积累（Killerwald，2015）。在中国的特殊背景下，一方面，金融市场（如股票、基金、债券）并不发达，住房资产成为家庭财产的主要组成部分；另一方面房价收入比严重偏高，讨论住房产权和面积的影响因素有着重要的理论和现实意义。

那么到底哪些因素会影响住房财产积累呢？随着时间的推移影响住房财产积累的因素发生了什么样的变化？在中国特殊的房地产市场环境中，代表“市场能力”的收入对住房获得的影响下降直至消失，使得市场转型理论对市场因素作用增强的预测并没有得到证实。

最能代表“市场能力”的收入影响消失，那么如今的青年家庭靠什么获得住房呢？引入代际视角发现，父辈的经济资助可能是主要的影响因素。父母工作单位性质和户口出身的差异直接体现的就是父母的背景，出身农村的青年和出身城市的青年两个群体最大的区别就是父母是否有经济能力赞助子女。城市绝大部分工薪家庭在市场经济改革和住房改革中积累了一大笔资产（Xie and Jin，2015），而农村家庭不一定有这个机会。所以，在城市房价持续升高且远远超出了普通家庭购买能力的情况下，对于青年家庭，其住房不平等来源于父辈。住房财产的直接转移性质（如父母帮忙付首付、全款购买等经济资助）对下一代的影响更加直接，幅度也更大，上一代的社会经济地位更加直接地传递到了下一代。

在当今中国城市地区，通过自身奋斗从农村进入城市的社会精英群体在财产积累上似乎并没有优势，在住房获得上甚至表现出了劣势。在这样的社会环境下，未来代际流动的强度和力度可能更弱（Xie and Jin，2015）。

第8章
结论与启示

家庭财富研究是一个跨社会学、经济学、人口学等多学科的重大学术课题。但由于数据的缺乏，目前对它的认知包括水平、分布、结构、特别是背后的影响机制非常有限。已有研究表明，中国的财产差距在迅速扩大，尤其是2000年以来，中国的财产差距在持续扩大（李实等，2005；李培林等，2008）。但是，中国目前的家庭财产水平、分布和结构状况如何？尚没有一个具有全国代表性的数据做出回答。进一步的，哪些人拥有更多的财产？中国家庭在经济改革后积累财产的途径是什么？换句话说，家庭财产背后的影响机制是什么？家庭财产差异又是如何进行代际传递的？这一系列的问题都缺乏实证研究去探索。北京大学组织的中国家庭追踪调查（CFPS）从2010年开始已经完成了两次全国性的调查，为本研究提供了很好的数据基础。同时，由中国人民大学组织收集的中国综合社会调查（CGSS）从2003年以来连续进行了多次全国性的调查，是进行时间趋势分析的理想数据。

本研究以CFPS数据为主，以CGSS数据为辅，在力求估计中国财产水平和分布现状的基础上，深入探索中国家庭财产积累的过程和机制，探究家庭背景对财产水平的影响，以及这种影响是如何随着时代变迁而变化的。下文先总结全书的结论，然后总结本研究得到的启示以及未来的研究方向。

8.1 结论

8.1.1 中国家庭财产分配差距大

利用2012年CFPS数据，结合外部来源数据，使用帕累托函数对顶端0.1%的家庭的财产数据进行调整，用调整后的数据估计中国家庭财产水平和分布状况。结果发现，2012年中国家庭平均净财产为42.2万元，全国家庭财产总存量达到181.3兆元。我国家庭的财产收入比为9.2。自20世纪90年代以来，我国家庭财产差距在扩大。

从财产结构看，房产是我国家庭财产的主要组成部分，其在家庭财产中所占的比例超过了70%，在城市地区甚至接近80%。住房资产的差异是我国财产总差异的主要贡献因素，2010~2012年房产增长量占总财产增长的一半以上。与其他发达国家较高的金融资产比例相比，我国金融市场还并不完善，目前金融资产占家庭财产的比例仅在10%左右。

与收入相比，我国家庭财产水平和分布的区域差异大，财产的差异甚至超过了收入。城乡差异和区域差异对我国家庭财产水平的差异具有较高的解释力，分别能够解释家庭财产差异的10%和23%左右。结构性因素在财产分配差距中仍起着不可忽视的作用。

8.1.2 制度性因素与市场性因素共同影响家庭财产水平

在中国市场转型的社会背景下，制度性因素如何影响社会分层、体制和市场对社会经济地位的影响孰大孰小等是社会学、经济学等讨论的焦点问题。市场转型理论、权力持续论和权力-市场共同转化理论均尝试解释市场转型背景下制度因素和市场因素对个体经济地位影响的变化。这些实证研究，多以收入作为因变量来阐释和验证这些理论。但是，对于一个更适合测量经济状况的指标——财产却很少有研究涉及，而财产恰恰可能与收入的影响机制不同，本研究的实证结果也反映了这一点。对于制度性因素和市场性因素对家庭财产水平的影响，结论有以下几点。

第一，制度性因素和市场性因素共同影响中国家庭的财产积累。在城市，有在政府部门/事业单位工作的成员的家庭财产水平显著高于其他类别家庭，其中，有政府部门/事业单位管理者的家庭是最有财产优势的家庭。同时，教育水平越高的家庭财产水平越高，参与个体经营/私营也能够显著增加家庭财产存量，这说明市场性因素也在家庭财产积累中发挥重要作用。

第二，在中国城市地区，平均而言，制度性因素的影响作用大于市场性因素。在控制其他因素的条件下，在政府部门/事业单位工作对财产水平的影响相当于多接受3年左右教育的影响。有在政府部门/事业单位工作的管理者的家庭/其财产优势远远高于参与个体经营/私营的家庭。在农村，总体看，市场性因素的作用大于制度性因素的作用。

第三，平均而言，城市中拥有体制性资本的家庭，其财产优势大于收入优势，可以从三个方面进行解释。一是政策的直接影响，住房私有化是城市大多数家庭积累私有财富的重要途径，而在公共住房私有化过程中，能否分到住房及分到住房的面积、质量等都直接受单位性质、单位级别和个人在单位内部的级别影响（Walder and He，2014）。所以，体制性资本直接影响家庭财产的获得和积累，拥有体制性资本的家庭通过住房快速积累了一笔私有财产；紧接着，城市住房价格上升，拥有住房资产的家庭通过房产投资进一步积累资产，而没有房产的家庭对住房的消费性需求受到挤压，住房资产差距扩大，带来家庭财产差距相应扩大。

二是城市中拥有体制性资本的家庭有消费支出优势，这里的消费支出优势指的是这些家庭的消费支出更低，反过来积累储蓄更高。从财产积累角度，去除直接从单位获得住房这样的影响，家庭财产积累受到两个因素——收入和支出的影响。收入与支出的差距就是积累的财产或负债。研究发现，在控制了其他变量（如年龄、家庭结构、区域等）并去除住房影响，同样收入条件下，具有体制性资本的家庭的投资性财产更高，这间接反映这些家庭的消费支出更低。事实上，这也是符合实际情况的。体制内单位的福利或补贴（如食物补贴、住房补贴、交通补贴、其他消费报销等）可以大大降低消费支出，增加了收入中可储蓄的部分。

三是有体制性资本优势的家庭能够进行更好的投资，比如房地产市场投资以及近些年兴起的金融市场投资。有体制性资本的家庭还更可能有富余的资金积极投资于金融市场，让现有资产增值。

第四，城市家庭积累财产的途径体现了“混合途径”理论。体制性资本的优势随着财产水平的变化而变化，即体制性资本对家庭财产水平的影响随着家庭富裕程度的变化而变化，这种优势在中低分位数上比高分位数上体现得更明显，甚至在90%以上的分位数上，体制性资本失去了优势，反而是市场因素在起作用——从事个体经营/私营的家庭、平均教育水平更高的家庭拥有更高的财产存量。这实际上体现了中国现阶段家庭财富积累的两大方式——普通家庭依赖制度性因素和极富家庭依赖市场性因素。对大多数普通家庭而言，拥有体制性资本能够获得一些经济资源，比如住房，在市场的作用下，所获得的经济资源进一步增值。对于顶端极富家庭而言，一般是通过市场手段比如开办企业等方式来积累财富。这基本验证了“混合途径”财产积累理论的观点。

农村家庭中参与市场经济活动对家庭财产水平有显著提高作用，而且随着分布点的提高影响强度在增大，反映了市场性因素在农村家庭财产积累过程中的重要作用。

8.1.3 财产代际传递初步显现

父母社会经济特征对子女财产水平的影响，一方面是通过影响子女的社会经济特征，包括教育、工作和收入，从而间接影响子女财产水平；另一方面可能通过影响子女的储蓄、消费、投资和直接的财产转赠而影响子女的财产水平。通过分队列分析发现，户口背景和教育水平对子女财产水平的影响在16~30岁的年轻队列里体现得最明显，同时这种队列效应主要体现在住房资产而不是非住房资产上。这从侧面反映，在财产积累的起步阶段，在房价持续攀升的城市地区，年轻群体尤其是男性更需要父母的经济支持。CFPS调查中的描述性结果也佐证了这个现象。

受制度环境的影响，中国不同的群体所经历的环境变迁使得他们财产积累的经历有很大的不同。中年群体（大致对应2010年41~60岁的人）出生在改革开放前，赶上了福利分房，住房私有化以后，城市房价上涨，进一步强化了既得利益者的已有的经济利益，比如出售住房获得的财产、出租房屋获得的收入，即使福利分房完全是居住使用功能，但因不用购买住房或还贷而节省下来的收入又可以转化成其他形式的财产。因此，市场性因素和制度性因素相互强化，极大地增加了这个群体的财产优势。青年群体（大致对应2010年31~40岁的人）出生于

20世纪70年代，他们中一部分赶上了单位分房、福利分房以及房价相对稳定的时代，积累了一些财产。而最年轻的群体出生于20世纪80年代以后，参与工作、创造资产基本上在2000年以后，在城市，这个年轻群体赶上房价迅速攀升，因此，短短几年的收入积累不能使这个群体中大多数人有能力购买住房或建造住房，父母直接的经济资助是该群体财产水平、有没有住房和住房价值的重要影响因素。

8.1.4　随时间推移，代际影响作用在增强

住房作为家庭最大的一项财产，基本能代表城市青年家庭的财富水平。两个时点上家庭背景对城市青年人住房产权的影响，反映了代际影响的时代变化。结果显示，从2003年到2013年，家庭背景的影响在增强，制度性的因素包括父母的工作单位性质以及户口出身，成为影响年轻人获得住房的重要因素。而代表“市场能力”的收入作用在减弱。在城市房价持续攀升并远远超出普通家庭购买能力的今天，青年人是否有房主要取决于父母是否有能力给予经济资助。

引入代际视角后发现，对于青年家庭而言，父辈的社会经济地位差异进一步通过财产直接转移的形式传递到下一代。这样的差异将持续多少代人？会有怎样的社会影响和后果？目前尚没有相关的实证研究，但毫无疑问，在目前的社会背景下，财产差距扩大，父辈的经济地位差异以财产直接转赠/遗产的形式传递到下一代，这样的代际影响以及由此带来的差异格局可能会长期存在，未来的社会流动甚至可能变弱（Xie and Jin，2015）。未来随着遗产的增多，上一代对下一代财产的直接影响会更大，由上一代造成的下一代财产差距可能会持续扩大。

8.1.5　市场转型理论并不适合解释中国家庭的财产积累过程

基于对收入的分析，市场转型理论预测，随着市场化改革的深入，市场性因素的经济回报率会上升，而制度性因素对经济回报的作用则会随之下降（Nee，1989，1991，1996）。但该理论似乎难以解释中国特殊的家庭财产积累过程，城市家庭财产积累中，制度性因素参与到财产分配过程，比如能否获得福利分房、住房的质量和面积直接跟单位性质、单位级别和在单位内的

职业级别有关。从目前的家庭财产积累状况看，制度性因素对家庭财产水平发挥着至关重要的作用。但同时我们看到，市场因素也对财产积累起着重要作用，参与个体经营/私营能够显著提高家庭的财富水平。在当前的中国，家庭私有财产积累有两条重要的途径——制度途径和市场途径——也就是“混合途径”理论总结的过程。

总而言之，从时点看，制度性因素的作用明显，甚至还大于市场因素的作用；从时期趋势看，制度性因素对财产的作用并没有减弱；从代际看，父辈的体制性资本优势转化成经济资源优势进一步传递到了下一代。所以，市场转型理论并不适合解释中国家庭的财产积累过程，权力维持论虽然看到了制度性因素的作用，但忽略了市场经济因素的作用。“混合途径”理论是针对中国家庭财产积累过程提出的理论，更适合解释目前条件下家庭财产的影响机制。

8.2 历史、政策和市场三大因素导致财产分配差距扩大

关于我国财产差距扩大的原因，因为缺乏合适的时期数据，目前还无法用实证方法进行深入的分析。但根据已有研究文献和本研究的初步研究结果，主要可能有以下几个原因。

第一，区域差异包括城乡差异和省际差异的扩大是财产整体差距扩大的重要原因。我国城乡二元分割的形成以 1958 年颁布的《中华人民共和国户口登记条例》为标志（张庆五，2009），城市和农村在经济结构和发展水平上存在巨大差异。改革开放以前，由于整体发展水平较低，国家对生产、生活资料进行统一调配，几乎不存在私人财产的积累，全国整体的财产分配差距非常小。但改革开放以后，城市和农村的差距迅速显现。尤其是 20 世纪 90 年代住房改革的推行带来的公共住房资产私有化，使得城市居民短期内迅速积累了大量的私有财产。福利分房虽然降低了城市地区的不平等程度，但扩大了城乡差距，使全国整体的不平等程度迅速提高（李实、魏众、丁赛，2005）。

除了城乡差距外，东中西差异、省际差异造成的财产差距也在扩大。国家在经济改革初期“让一部分人先富起来，先富带后富”的思路深深地影响了之后

几十年的经济发展战略和地区发展模式，沿海地区、珠江三角洲、长角三角洲、京津冀快速发展，而其他区域经济发展速度滞后，地区之间的差异突显，由此，区域之间的财产水平差距也相应拉大了。

第二，2000 年以来，城市地区的房价短期内迅速飙升，尤其是特大城市地区房价高位运行，进一步扩大了城乡差异和地区差异，成为推动财产不平等程度上升的重要原因（Li and Wan，2015）。房价的快速上升通过引导富裕家庭投资住房需求的增加进一步抬高房价，挤占了普通家庭对住房的消费性需求，扩大了住房不平等，而一部分家庭也因为无法获得足够的住房使得城镇家庭住房不平等增加（陈彦斌、邱哲圣，2011）。高房价的扭曲作用引起了较大的福利损失，除了收入最高的 20% 家庭以外，其他家庭普遍受损，中低收入家庭受损程度最大，有房的家庭资产增长更快，无房的家庭购房困难，财产差距扩大（陈彦斌、邱哲圣，2011）。

第三，少数人通过市场手段迅速积累了大量财产。随着市场经济的深入发展，一部分人抓住市场机会，开办企业、参与股市、参与房地产投资等，短期内迅速积累了巨额财产，财产分配差距扩大。

8.3 研究启示

财富研究尤其是财富的代际流动研究需要长期的追踪数据，在缺乏追踪数据的情况下，本研究利用横截面数据和历史回顾数据，探究家庭财产水平差异背后的影响机制以及代际传递在其中的作用。这是一项探索性的研究，希望为未来该领域更多的研究奠定一定的基础。本研究主要有以下几点启示。

8.3.1 家庭财产是社会分层的重要维度

社会分层和社会流动领域讨论最多的是收入、职业和教育，很少关注财产变量。已有研究认为，仅仅以收入作为社会分层和社会不平等的指标是有缺陷的（Oberschall，1996；Zhou，Tuma and Moen，1997），因为社会主义制度下的经济资源的分配直接与再分配权力有关，只关注收入难以充分地反映家庭社会经济地位。在中国，大量针对收入的实证研究表明，制度性因素对收入的作用在下降，相反，市场性因素的作用却在上升。但是，本研究发现，如果以财产作为因变量，仍然可以观察到制度性因素对家庭财产积累具有重要的作用，但制度性因素和市场性因素对财产的作用因财产分布不同而不同，在分布的中下端，即较为贫穷的家庭，体制性资本的作用大于市场因素的作用；在分布的顶端，即对富裕的家庭而言，市场因素更为重要。这为讨论市场转型背景下的社会分层提供了新的视角。

另外，财产变量也为其他研究（如年龄、家庭结构、性别、流动等的社会经济意义）提供了很好的研究视角。如有研究发现，随着时间的推移，人口环境和经济环境的变化，年龄与财产的关系也会发生变化，年轻人比以前更贫穷（Wolff，2004）。这样的研究主题在中国特殊的时代背景下更有意义，以住房为例，可以发现，年轻人在房价不断攀升的市场中越来越处于劣势，但真正受到负面影响的可能是那些无法从家庭中获得经济支持的人，而来自富裕家庭的年轻人经济状况可能并没有受到太大影响。这对讨论社会分层和社会流动意义深远。在中国，另外一个重要的分层指标就是户口，尽管收入研究表明，在控制职业和单位的情况下，流动人口在收入上并不低于非流动人口（吴晓刚、张卓妮，2014），但流动人口在财产上却处于明显的劣势地位，财产变量为研究流动人口的经济融合提供了新的视角。此外，财产还与性别不平等有关，有一项针对印度的研究表明，在其他条件相同的情况下，有自己住房或土地的女性更不可能成为家暴的受害者（Fireside et al.，2009）。

可见，财产是研究社会不平等的重要指标，认识中国的社会差异和社会分层时需要重视家庭财富的作用。

8.3.2 代际流动视角在财产研究中至关重要

目前有关代际流动的理论、实证研究非常多，从两代流动已经拓展到了多代流动。代际流动视角在财产研究中尤为重要，因为财产不平等在代际的持续性非常强（Charles and Hurst，2003；Killewald，2015）。财产的两个明显不同于收入的代际传递特性——遗产和生前财产转赠——对代际社会地位流动意义重大。国外研究表明，遗产是家庭代际财产转移的最直接路径，几乎占了财产积累的一半（Gale and Scholz，1994）；在现代社会，来自父母的财产赠予对年青一代更是非常重要，有研究表明，父母的财产赠予在代际财产转移中所占比例甚至大于遗产的比例（Gale and Scholz，1994）。财产的这种直接传递性使得财产对既定社会分层的固化作用更强，不利于社会流动。

在中国目前的社会背景下，财产的代际转移多表现为父母对子女的财产转赠。父母的社会地位带来的经济优势已经通过间接或直接的途径明显地传递到了下一代，结合时代变迁背景讨论代际影响发现，父母的直接影响作用在增强。这对讨论新时代背景下中国的社会流动和社会分层秩序具有重要的启示。在市场经济的新背景下，社会分层结构和秩序可能发生变化（郝大海，1999），有体制性资本的父母或者通过市场经济积累了资源的父母能够将经济优势直接传递到下一代。

受数据限制，在中国，目前只能开展财产的两代影响研究，未来在追踪数据可获得的情况下，可以展开财产的多代影响研究。而且未来随着遗产的增多，对于财产的代际流动及其影响可挖掘的内容更多更广。

8.3.3　家庭财产的社会后果研究意义重大

财产分配之所以受到强烈的关注，其中一个很重要的原因就是财产分配差距等影响诸多代表人类福利的指标，如教育、职业和收入（Conley，1999；Conley，2001；Orr，2003），健康（Smith，1995），主观幸福感（Hu，2013），等等。有研究表明，财产存量与死亡率、功能性残疾、自评健康状况以及一系列健康问题密切相关，家庭财产对小孩的营养状况及死亡率（Chalasani and Rutstein，2013）、身高和体重（Boyle et al.，2006）有显著影响。作为家庭最大的一项财产——住房会对健康产生影响（Krieger and Higgins，2002）。住房资产会影响主观幸福感，已有研究显示，在中国城市地区，住房所有权对一个人的住房满意度和总体幸福感具有显著的正向影响（Hu，2013）。

同时，从人口学的角度，家庭财产也与各项人口过程息息相关。从贝克尔的家庭生育经济学、考德威尔的财富流理论开始，家庭财富对人口过程的影响就是人口学领域非常关心的一个问题。“门当户对”则反映的是婚姻匹配过程中家庭财产的作用。人口流动与财产分配差距的关系也是一个值得探讨的话题。以往在缺乏数据的情况下，多以收入代表家庭财产，但财产与收入本身有很大的不同，财产更能代表家庭长远的经济特征和经济保障。所以，财产的人口后果，比如财富对婚姻匹配、出生、死亡和迁移的影响，还需要深入的实证研究。

财富研究是理解其他社会问题的一个新的切入点，本研究只是一项探索性的研究，未来需要更好的数据，对财富的人口学意义进行更深入的探索。

8.4 本研究的创新与不足

8.4.1 创新

本研究是一项探索性的研究，在有限的数据条件下，尽可能深入探索家庭财产的影响机制。主要创新点有以下几个。

第一，研究内容创新：中国现有的社会分层和社会流动研究缺失了财富维度，本研究用实证数据探索家庭财产积累背后的影响因素，结合相关理论，分析中国家庭财产特殊的积累方式，拓展了中国现有社会分层和社会流动领域的研究内容，填补了研究空白。

第二，研究对象创新：将财产与收入并列对比分析，深入剖析财产不同于收入的独特影响机制，并根据财富积累理论，实证分析二者差异的原因，是对经济不平等研究的有益补充；同时，以家庭为切入点，充分利用家庭成员信息，构建家庭层次的变量，更好地反映了财产的影响因素。

第三，研究视角创新：引入代际视角，着眼于队列差异，探索家庭背景对子女财产水平的直接和间接影响途径；引入时间视角，动态地分析家庭背景影响的时期变化，结合市场转型理论，说明制度性因素的影响在时期上的持续和代与代之间的延续。

第四，研究方法创新：已有研究对财产水平的估计多是根据调查数据，但是抽样调查数据很难获得顶端极富人群数据，估计结果会有一定偏差。本研究在估计家庭财产水平和不平等程度时，使用外部数据和经典函数调整调查顶端极富人群数据，力求得到准确的估计数。

8.4.2 不足

受限于数据，本研究有以下几点缺陷。

第一，根据截面数据分析制度性因素和市场性因素的影响只能捕捉到调查时点的情况，反映的是调查时两个因素分别的影响，由于缺乏历史工作信息和市场活动参与信息，不能将过去受到的制度性因素和市场性因素影响分离出来。若要更准确深入地分析这两个因素对家庭财产积累的影响，需要长期追踪数据。

第二，父母社会经济地位的最直接指标应该是财产水平和收入，但是调查并没有收集这两个变量信息，只能以父母受教育程度等代表其社会经济地位。

第三，在进行影响因素分析时，遗漏了最顶端极富人群的信息，这是所有财产调查和收入调查共同面临的问题。根据调查数据只能得到一般意义上的差异、模式和机制，而顶端极富人群财富积累受到的影响因素可能有所不同。

第四，可能存在财产上报不准确的情况，一是因为财产是敏感性信息，会存在漏报、误报、瞒报等现象，这些因素如何影响结果目前也无法估计；二是估计本身的误差，比如对住房市价的估价、对家庭耐用消费品等的估计可能不准确，这个问题可能可以通过客观信息构建一些新的财富指标，进行敏感度检验。

附　录

表 9-1　加入工资性收入后各变量的系数变化（城市）

	不加收入		加入收入	
	系数	标准误	系数	标准误
年龄	0.034	0.021	0.030	0.022
年龄的平方	-0.000	0.000	-0.000	0.000
家中是否有 15 岁及以下的孩子				
是	0.205*	0.082	0.212*	0.082
家庭结构（参照类：三代成年人同住）				
两代成年人同住	-0.018	0.121	-0.002	0.120
一代成年人	0.287	0.188	0.353+	0.188
其他	-0.022	0.330	-0.004	0.326
家庭规模	0.110	0.094	0.083	0.092
家庭规模的平方	-0.012	0.008	-0.011	0.008
是否流动人口家庭				
是	-0.731***	0.191	-0.763***	0.190

续表

	不加收入		加入收入	
	系数	标准误	系数	标准误
家中是否有退休老年人				
是	0.047	0.103	0.051	0.105
受教育年限	0.090***	0.015	0.086***	0.015
家中是否有人在政府部门、事业单位工作				
是	0.309**	0.114	0.244*	0.114
是否有行政/管理职务				
是	0.665***	0.107	0.618***	0.104
家中是否有党员				
是	0.264**	0.082	0.254**	0.081
是否参与个体经营或私营				
是	0.309**	0.094	0.280**	0.095
工资性收入			0.057***	0.014
县级人均 GDP 的对数	0.462***	0.105	0.442***	0.105
常数	3.287**	1.173	3.105**	1.161
样本量	6320		6320	
R^2	0.092		0.097	

表 9-2a　各省份回归结果（城市）

	辽宁		上海		河南		广东		甘肃	
	系数	标准误	系数	标准误	系数	标准误	系数	标准误	系数	标准误
年龄	-0.094*	0.044	0.170***	0.048	0.142*	0.058	-0.024	0.064	0.249**	0.075
年龄的平方	0.001*	0.000	-0.001**	0.000	-0.001*	0.001	0.001	0.001	-0.002**	0.001
家中是否有 15 岁及以下的孩子										
是	0.725**	0.225	0.133	0.269	0.255	0.209	0.135	0.240	0.383	0.254
家庭结构（参照类：三代成年人同住）										
两代成年人同住	0.087	0.426	0.087	0.439	-0.237	0.383	0.055	0.452	0.116	0.525
一代成年人	0.530	0.517	0.628	0.554	0.920+	0.552	-0.734	0.666	0.193	0.711
其他	-0.658	0.963	-0.512	0.988	0.220	0.939	0.975	1.384	2.556+	1.363
家庭规模	-0.316	0.364	0.693+	0.388	0.395	0.259	0.071	0.212	-0.652+	0.375
家庭规模的平方	0.022	0.047	-0.074	0.045	-0.037	0.023	-0.017	0.016	0.053	0.037
家中是否有退休老年人										
是	0.484*	0.217	-0.232	0.213	0.330	0.260	0.028	0.288	-0.164	0.344
家中是否有流动人口										
是	-0.397	0.310	-0.612*	0.286	0.035	0.469	-0.726*	0.361	-0.924+	0.546
受教育年限	0.064*	0.028	0.078**	0.028	0.144***	0.029	0.116***	0.032	0.023	0.033

续表

	辽宁		上海		河南		广东		甘肃	
	系数	标准误	系数	标准误	系数	标准误	系数	标准误	系数	标准误
家中是否有人在政府部门、事业单位工作										
是	0.310	0.295	0.754**	0.286	-0.264	0.284	0.072	0.371	0.299	0.326
是否有行政/管理职务										
是	0.793**	0.284	0.765**	0.238	0.305	0.271	0.826*	0.323	0.382	0.324
家中是否有党员										
是	0.393+	0.210	0.545*	0.237	0.116	0.239	0.358	0.302	0.279	0.269
是否参与个体经营或私营										
是	0.104	0.258	0.973**	0.325	0.398+	0.225	0.284	0.237	0.232	0.386
家庭收入对数	0.055*	0.024	0.062*	0.027	0.019	0.033	0.050	0.039	0.124**	0.041
常数	11.588***	1.426	3.645*	1.495	4.733**	1.571	8.771***	1.801	3.910+	2.112
样本量	791		981		570		685		263	
R^2	0.103		0.111		0.108		0.080		0.161	

表 9-2b　各省份回归结果（农村）

	辽宁		上海		河南		广东		甘肃	
	系数	标准误	系数	标准误	系数	标准误	系数	标准误	系数	标准误
年龄	0.130**	0.044	0.354***	0.083	0.013	0.034	0.074	0.053	0.052	0.046
年龄的平方	-0.001**	0.000	-0.003***	0.001	-0.000	0.000	-0.001	0.001	-0.000	0.001
家中是否有 15 岁及以下的孩子										
是	0.433**	0.160	0.032	0.504	0.396**	0.138	0.151	0.228	0.355**	0.121
家庭结构（参照类：三代成年人同住）										
两代成年人同住	-0.266	0.258	-0.451	0.720	0.116	0.191	0.168	0.307	-0.163	0.175
一代成年人	0.120	0.372	-1.401	0.970	-0.113	0.304	0.599	0.501	0.218	0.320
其他	0.700	1.041	-1.755	2.517	0.452	0.669	-9.415***	1.396	0.352	0.605
家庭规模	-0.450	0.294	-0.647	0.680	-0.285*	0.130	-0.085	0.109	-0.276^{+}	0.152
家庭规模的平方	0.033	0.033	-0.009	0.072	0.009	0.010	0.001	0.005	0.015	0.013
家中是否有退休老年人										
是	-0.217	0.162	0.162	0.914	-0.181	0.117	0.132	0.206	-0.161	0.105
家中是否有流动人口										
是	0.214	0.325	0.415	0.469	-0.304	0.308	0.137	0.509	0.411	0.343
受教育年限	0.099***	0.024	0.153*	0.063	0.043*	0.019	0.128***	0.030	0.040*	0.017

续表

	辽宁		上海		河南		广东		甘肃	
	系数	标准误	系数	标准误	系数	标准误	系数	标准误	系数	标准误
家中是否有人在政府部门、事业单位工作										
是	-0.247	0.413	0.265	0.612	-1.051***	0.301	-0.644	0.528	-0.041	0.271
是否有行政/管理职务										
是	0.246	0.373	1.019^{+}	0.613	0.155	0.264	0.062	0.492	0.544*	0.224
家中是否有党员										
是	0.127	0.225	-0.480	0.545	0.016	0.164	0.297	0.328	-0.244^{+}	0.148
是否参与个体经营或私营										
是	-0.008	0.200	0.524	0.526	0.315^{+}	0.167	0.177	0.240	0.183	0.233
家庭收入对数	0.095***	0.028	-0.028	0.057	0.360***	0.034	0.211***	0.043	0.227***	0.039
常数	7.088***	1.264	4.213	2.646	6.644***	0.946	4.911**	1.530	6.978***	1.163
样本量	576		216		786		543		1152	
R^2	0.120		0.188		0.190		0.181		0.067	

表 9-3 均值回归结果稳健性检验（城市）

	财产		收入	
	系数	标准误	系数	标准误
年龄	0.072**	0.026	-0.014	0.009
年龄的平方	-0.000*	0.000	0.000	0.000
家中是否有15岁及以下的孩子				
是	0.199+	0.107	0.189***	0.045
家庭结构（参照类：三代成年人同住）				
两代成年人同住	-0.181	0.194	0.059	0.070
一代成年人	0.101	0.264	0.074	0.087
其他	-0.618	0.508	0.113	0.126
家庭规模	0.128	0.152	-0.111*	0.049
家庭规模的平方	-0.016	0.014	0.001	0.005
家中是否有退休老年人				
是	-0.016	0.138	0.586***	0.059
是否流动人口家庭				
是	-0.677**	0.235	0.166**	0.053
受教育年限	0.091***	0.017	0.067***	0.005
家中是否有人在政府部门、事业单位工作				
是	0.337**	0.127	0.236***	0.034
是否有行政/管理职务				
是	0.734***	0.132	0.399***	0.039
家中是否有党员				
是	0.312**	0.101	0.115**	0.040
是否参与个体经营或私营				
是	0.293*	0.129	0.266***	0.038
县级人均GDP的对数	0.477***	0.123	0.217***	0.030
常数	2.258	1.400	6.846***	0.420
样本量	3969		3969	
R^2	0.096		0.311	

表 9-4 均值回归结果稳健性检验（农村）

	财产		收入	
	系数	标准误	系数	标准误
年龄	0.105***	0.025	0.052***	0.012
年龄的平方	-0.001***	0.000	-0.001***	0.000
家中是否有15岁及以下的孩子				
是	0.258**	0.089	0.218***	0.041
家庭结构（参照类：三代成年人同住）				
两代成年人同住	-0.092	0.111	0.086	0.103
一代成年人	-0.098	0.173	0.096	0.130
其他	-0.061	0.561	0.284	0.188
家庭规模	-0.025	0.089	0.023	0.047
家庭规模的平方	-0.004	0.007	-0.007	0.005
家中60岁及以上老年人数	-0.024	0.067	-0.012	0.038
家中是否有外出打工人员				
是	-0.428	0.358	-0.150	0.094
受教育年限	0.054**	0.016	0.058***	0.007
是否有行政/管理职务				
是	0.350*	0.155	0.289***	0.074
家中是否有党员				
是	-0.076	0.102	0.200***	0.052
是否参与个体经营或私营				
是	0.210+	0.123	0.268***	0.046
县级人均GDP的对数	0.407***	0.094	0.246***	0.042
常数	3.352**	1.125	4.919***	0.438
样本量	3450		3450	
R^2	0.062		0.237	

表 9-5　分位数回归结果稳健性检验（城市）

	Q25				Q50				Q75				Q90			
	财产		收入		财产		收入		财产		收入		财产		收入	
	系数	标准误	系数	标准误	系数	标准误	系数	标准误	系数	标准误	系数	标准误	系数	标准误	系数	标准误
年龄	0.082**	0.028	-0.020+	0.011	0.049*	0.020	-0.021**	0.007	0.040**	0.015	-0.020*	0.008	0.041*	0.017	-0.015	0.011
年龄的平方	-0.001*	0.000	0.000	0.000	-0.000+	0.000	0.000*	0.000	-0.000*	0.000	0.000*	0.000	-0.000+	0.000	0.000	0.000
家中是否有15岁及以下的孩子																
是	0.296**	0.106	0.221***	0.048	0.244***	0.071	0.164***	0.044	0.185**	0.070	0.181***	0.042	0.125+	0.066	0.152**	0.058
家庭结构（参照类：三代成年人同住）																
两代成年人同住	-0.062	0.222	-0.031	0.079	-0.094	0.132	0.140+	0.084	0.010	0.221	0.113	0.092	-0.008	0.196	0.132	0.094
一代成年人同住	0.200	0.320	0.054	0.098	-0.100	0.176	0.136	0.099	-0.101	0.225	0.088	0.111	0.018	0.204	0.066	0.122
其他	-0.447	0.406	0.064	0.194	-1.148*	0.572	0.058	0.126	-0.517	0.325	0.079	0.126	-0.390	0.361	0.342	0.334
家庭规模	0.151	0.224	-0.068	0.058	-0.210**	0.081	-0.170***	0.042	-0.266**	0.096	-0.157**	0.049	-0.236	0.171	-0.214*	0.092
家庭规模的平方	-0.023	0.026	-0.005	0.005	0.008	0.006	0.008*	0.003	0.011	0.010	0.004	0.004	0.013	0.023	0.008	0.011
家中是否有退休老年人																
是	-0.073	0.128	0.613***	0.061	0.121	0.106	0.488***	0.057	0.173+	0.094	0.372***	0.050	0.149	0.103	0.314***	0.070
是否流动人口家庭																
是	-1.017**	0.311	0.130+	0.069	-0.522*	0.234	0.171**	0.059	-0.240	0.174	0.171*	0.073	-0.001	0.134	0.107	0.067

续表

	Q25				Q50				Q75				Q90			
	财产		收入		财产		收入		财产		收入		财产		收入	
	系数	标准误	系数	标准误	系数	标准误	系数	标准误	系数	标准误	系数	标准误	系数	标准误	系数	标准误
受教育年限	0.102***	0.019	0.067***	0.006	0.080***	0.013	0.059***	0.005	0.047***	0.012	0.059***	0.004	0.045***	0.013	0.053***	0.008
家中是否有人在政府部门/事业单位工作																
是	0.448***	0.124	0.220***	0.053	0.265**	0.086	0.260***	0.039	0.147+	0.079	0.188***	0.043	0.153	0.094	0.126**	0.047
是否有行政/管理职务																
是	0.577***	0.107	0.372***	0.064	0.479***	0.086	0.315***	0.041	0.511***	0.082	0.350***	0.039	0.387**	0.118	0.377***	0.057
家中是否有党员																
是	0.229*	0.094	0.131**	0.040	0.115+	0.068	0.131***	0.038	0.104+	0.058	0.135***	0.041	0.066	0.081	0.157**	0.053
是否参与个体经营/私营																
是	0.275*	0.108	0.152***	0.044	0.205*	0.082	0.163***	0.039	0.161*	0.078	0.200***	0.048	0.224*	0.092	0.346***	0.070
县级人均 GDP 的对数	0.395***	0.106	0.227***	0.032	0.469***	0.088	0.211***	0.026	0.536***	0.079	0.230***	0.026	0.575***	0.066	0.233***	0.037
常数	2.351+	1.429	6.490***	0.458	4.518***	1.106	7.234***	0.386	5.244***	0.904	7.400***	0.374	5.273***	0.793	7.855***	0.577
样本量	3969		3969		3969		3969		3969		3969		3969		3969	
R^2	0.091		0.308		0.088		0.303		0.077		0.298		0.070		0.286	

表 9-6　分位数回归结果稳健性检验（农村）

	Q25				Q50				Q75				Q90			
	财产		收入		财产		收入		财产		收入		财产		收入	
	系数	标准误	系数	标准误	系数	标准误	系数	标准误	系数	标准误	系数	标准误	系数	标准误	系数	标准误
年龄	0.121***	0.034	0.064***	0.013	0.070***	0.013	0.063***	0.011	0.037^{+}	0.02	0.044***	0.013	-0.004	0.017	0.015	0.017
年龄的平方	-0.001***	0.000	-0.001***	0.000	-0.001***	0.000	-0.001***	0.000	-0.000^{+}	0.000	-0.001***	0.000	0.000	0.000	0.000	0.000
家中是否有 15 岁及以下的孩子																
是	0.208*	0.085	0.273***	0.057	0.251***	0.051	0.206***	0.044	0.239***	0.054	0.193***	0.044	0.289***	0.075	0.190**	0.068
家庭结构（参照类：三代成年人同住）																
两代成年人同住	-0.027	0.146	0.005	0.138	0.035	0.121	0.143	0.121	0.161	0.101	0.065	0.139	0.047	0.131	0.091	0.086
一代成年人同住	0.019	0.206	0.108	0.182	0.018	0.153	0.162	0.138	0.272^{+}	0.148	0.139	0.156	0.237	0.173	0.185	0.123
其他	0.082	0.423	0.244	0.595	0.129	0.315	0.301^{+}	0.168	0.321	0.374	0.077	0.249	0.282	0.461	-0.222^{+}	0.128
家庭规模	0.045	0.103	0.087	0.165	-0.064	0.044	-0.048	0.033	-0.03	0.053	0.02	0.034	-0.212	0.141	0.061	0.058
家庭规模的平方	-0.012	0.009	-0.016	0.022	-0.004	0.003	0.001	0.002	-0.006	0.004	-0.006*	0.002	0.013	0.015	-0.008^{+}	0.004
家中 60 岁及以上老年人数	-0.05	0.074	0.023	0.055	-0.091*	0.04	-0.03	0.036	-0.068	0.046	-0.039	0.046	-0.114^{+}	0.062	-0.03	0.049
家中是否有流动人口																
是	-0.015	0.148	-0.162	0.278	-0.135	0.134	-0.083	0.133	-0.273*	0.108	-0.052	0.071	-0.373^{+}	0.209	-0.203	0.159

续表

	Q25				Q50				Q75				Q90			
	财产		收入		财产		收入		财产		收入		财产		收入	
	系数	标准误	系数	标准误	系数	标准误	系数	标准误	系数	标准误	系数	标准误	系数	标准误	系数	标准误
受教育年限	0.066 ***	0.019	0.060 ***	0.009	0.052 ***	0.01	0.049 ***	0.007	0.038 ***	0.01	0.051 ***	0.006	0.026 +	0.015	0.057 ***	0.009
是否有行政/管理职务																
是	0.167 *	0.084	0.200 +	0.105	0.112	0.088	0.273 ***	0.075	0.156 +	0.09	0.247 **	0.077	0.492 *	0.224	0.355 **	0.125
家中是否有党员																
是	-0.076	0.098	0.175 **	0.058	0.121	0.078	0.133 *	0.057	0.07	0.057	0.155 **	0.057	-0.007	0.083	0.228 *	0.09
是否参与个体经营/私营																
是	0.221 *	0.105	0.249 ***	0.069	0.193 *	0.078	0.201 ***	0.043	0.203 *	0.082	0.215 ***	0.046	0.308 *	0.133	0.184 **	0.059
县级人均 GDP 的对数	0.284 **	0.089	0.249 ***	0.052	0.329 ***	0.078	0.248 ***	0.04	0.456 ***	0.086	0.214 ***	0.026	0.510 ***	0.085	0.200 ***	0.047
常数	3.741 **	1.375	4.233 ***	0.666	5.435 ***	0.804	4.860 ***	0.371	5.321 ***	0.764	5.884 ***	0.291	6.758 ***	0.789	6.882 ***	0.705
样本量	3450		3450		3450		3450		3450		3450		3450		3450	
R^2	0.053		0.233		0.056		0.234		0.054		0.231		0.039		0.211	

参考文献

边燕杰、芦强，2014，《阶层再生产与代际资源传递》，《决策探索》第4期。

边燕杰、李颖晖，2014，《体制转型与户籍身份转化："农转非"微观影响机制的时代变迁》，《中山大学学报》（社会科学版）第4期。

陈彦斌、邱哲圣，2011，《高房价如何影响居民储蓄率和财产不平等》，《经济研究》第10期。

陈宗胜，2000，《中国居民收入分配差别的深入研究》，《经济研究》第7期。

杜鹏，1990，《中国城乡家庭生命周期的初步分析》，《中国人口科学》第4期。

方长春，2014，《体制分割与中国城镇居民的住房差异》，《社会》第3期。

甘犁等，2012，《中国家庭金融调查报告》，成都：西南财经大学出版社。

甘犁、尹志超、贾男、徐舒、马双，2013，《中国家庭资产状况及需求分析》，《金融研究》第4期。

国家统计局，2013，《中国统计年鉴2013》，北京：中国统计出版社。

国家统计局，2014，《中国统计年鉴2014》，北京：中国统计出版社。

国家统计局城市社会经济调查总队编，2003，《财富：小康社会的坚实基础》，太原：山西经济出版社。

郝大海，1999，《市场转型中社会分层变化的理论分析》，《中国人民大学学报》第2期。

胡婧炜、谢宇、孙妍，2014，《中国家庭追踪调查问卷设计》，载谢宇等编著《中国民生发展报告》，北京：北京大学出版社。

黄国英、谢宇、李汪洋、项军，2015，《CFPS技术报告》（尚未公布）。

蒋耒文，2002，《“欧洲第二次人口转变”理论及其思考》，《人口研究》第3期。

靳永爱、谢宇，2014，《CFPS-29：中国家庭追踪调查2012年和2010年财产数据技术报告》，http://www.isss.pku.edu.cn/cfps/wd/jsbg/2012jsbg/2015-02-03/230.html。

李斌，2004，《市场能力与职工住房利益分化》，《南京社会学研究》第1期。

李路路，2002，《制度转型与分层结构的变迁——阶层相对关系模式的“双重再生产”》，《中国社会科学》第6期。

李培林、陈光金、张翼、李炜，2008，《中国社会和谐稳定报告》，北京：社会科学文献出版社。

李实，2000，《对收入分配研究中几个问题的进一步说明》，《经济研究》第7期。

李实、魏众，2000，《中国城镇居民的财产分配》，《经济研究》第3期。

李实、魏众、B. 古斯塔夫森，2000，《中国城镇居民的财产分配》，《经济研究》第3期。

李实、魏众、丁赛，2005，《中国居民财产分布不均等及其原因的经验分析》，《经济研究》第6期。

李实、佐藤宏、史泰丽，2013，《中国收入差距变动分析：中国居民收入分配研究IV》，北京：人民出版社。

梁运文、霍震、刘凯，2010，《中国城乡居民财产分布的实证研究》，《经济研究》第10期。

林易，2010，《“凤凰男”能飞多高 中国农转非男性的晋升之路》，《社会》第1期。

林宗弘、吴晓刚，2010，《中国的制度变迁、阶级结构转型和收入不平等：1978-2005》，《社会》第6期。

刘和旺、王宇锋，2010，《政治资本的收益随市场化进程增加还是减少》，《经济学》（季刊）第9期。

刘越，2013，《改革开放以来我国公有制经济占主体的“量”的演化分析》，《贵州社会科学》第2期。

任莉颖、李力、马超，2012，《中国家庭动态跟踪调查2010职业行业编码》，《中国家庭动态跟踪调查CFPS技术报告系列：CFPS-8》。

任强、胡荣琴，2013，《住房》，载谢宇、张晓波、李建新、于学军、任强《中国民生发展报告2013》，北京：北京大学出版社，第十章，第281~305页。
宋健、戚晶晶，2011，《“啃老”：事实还是偏见——基于中国4城市青年调查数据的实证分析》，《人口与发展》第5期。
王海港、周开国，2006，《中国城乡居民收入分配的不平等程度被低估了吗？——基于帕雷托分布的一个检验》，《统计研究》第4期。
巫锡炜，2011，《中国城镇家庭户收入和财产不平等：1995-2002》，《人口研究》第6期。
吴晓刚，2006，《“下海”：中国城乡劳动力市场转型中的自雇活动与社会分层(1978-1996)》，《社会学研究》第6期。
吴晓刚、张卓妮，2014，《户口、职业隔离与中国城镇的收入不平等》，《中国社会科学》第6期。
谢宇、靳永爱，2014，《家庭财产》，载谢宇、张晓波、李建新、于学军、任强《中国民生发展报告2014》，北京：北京大学出版社，第二章。
谢宇、邱泽奇、吕萍，2012，《中国家庭动态跟踪调查抽样设计》，CFPS技术报告系列，http://www.isss.edu.cn/cfps/d/file/wd/jsbg/2010jsbg/c70c703752f7f6f24e27b5a8a85c1cba.pdf。
谢宇、张晓波、许琪、张春泥，2013，《收入分配》，载谢宇、张晓波、李建新、于学军、任强《中国民生发展报告2013》，北京：北京大学出版社，第二章。
许琪，2017，《扶上马再送一程：父母的帮助及其对子女赡养行为的影响》，《社会》第2期。
余红、刘欣，2005，《单位与代际地位流动：单位制在衰落吗?》，《社会观察》第1期。
原鹏飞、王磊，2013，《我国城镇居民住房财富分配不平等及贡献率分解研究》，《统计研究》第12期。
张车伟、薛欣欣，2008，《国有部门与非国有部门工资差异及人力资本贡献》，《经济研究》第4期。
张庆五，2009，《户籍管理制度》，载路遇、翟振武主编《新中国人口六十年》，北京：中国人口出版社。
郑冰岛、吴晓刚，2013，《户口、“农转非”与中国城市居民中的收入不平等》，

《社会学研究》第 1 期。

Ando, Albert, and Franco Modigliani. 1963. "The 'Life Cycle' Hypothesis of Saving: Aggregate Implications and Tests." *The American Economic Review*: 55-84.

Ando, Albert, and Kennickell, A. B. 1987. How much (or little) Life Cycle is there In Micro Data? The Cases of the United States and Japan. in DORNBUSCH, R. y FISCHER, S. (eds.), *Macroeconomics and Finance: Essays in Honor of Franco Modigliani*, MIT Press, Cambridge, 159-223.

Anderson, J. M. 1999. *The Wealth of U. S. Families: Analysis of Recent Census Data.* Chevy Chase, MD: Capital Research Associates.

Atkinson A. B. 2006. *Concentration among the Rich.* Research Paper, UNU-WIDER, United Nations University (UNU).

Atkinson A. B., and Harrison A. J. 1978. *Distribution of Personal Wealth in Britain.* CUP Archive.

Avery, R. B., and Rendall, M. S. 2002. "Lifetime Inheritances of Three Generations of Whites and Blacks." *American Journal of Sociology*, 107, 1300-1346.

Avery, R. B., and Kennickell, A. B. 1989. *Measurement of Household Saving Obtained from First Differencing Wealth Estimates.* In Manuscript. Presented at the 21st General Conference of the International Association for Research in Income and Wealth, Lahnstein, Germany.

Bajtelsmit, V. L., and Bernasek, A. 1996. "Why do Women Invest Differently than Men?" *Financial Counseling and Planning*, 7, 1-10.

Barber B. 1975. *Social Stratification.* New York: Harcourt, Brace and World.

Barsky, R., Bound, J., Charles, K. K., and Lupton, J. P. 2002. "Accounting for the Black-White Wealth Gap: A Nonparametric Approach." *Journal of the American Statistical Association*, 97, 663-673.

Bartkowski, John P., and Christopher G. Ellison. 1995. "Divergent Perspectives on Childrearing in Popular Manuals: Conservative Protestants vs. the Mainstream Experts." *Sociology of Religion*, 56: 21-34.

Becker, Gary S. 1988. "Family Economics and Macro Behavior." *American Economic*

Review. March, 78: 1, pp. 1-13.

Becker, G. S., and Tomes, N. 1994. Human Capital and the Rise and Fall of Families. In *Human Capital: A Theoretical and Empirical Analysis with Special Reference to Education* (3rd Edition) (pp. 257-298). The University of Chicago Press.

Beller, Emily. 2009. "Bringing Intergenerational Social Mobility Research into the Twenty-first Century: Why Mothers Matter." *American Sociological Review*, 7 (4): 507-528.

Bernheim, B. D., and Garrett, D. M. 2003. "The Effects of Financial Education on the Workplace: Evidence from a Survey of Households." *Journal of Public Economics*, 87, 1487-1519.

Bernhardt, A., Morris, M., Handcock, M. S., and Scott, M. A. 2001. *Divergent Paths: Economic Mobility in the New American Labor Market.* Russell Sage Foundation.

Bian, Yanjie, 1994. *Work and Inequality in Urban China.* State University of New York Press, Albany.

Bian, Yanjie. 2002. "Chinese Social Stratification and Social Mobility." *Annual Review of Sociology*, 28: 91-116.

Bian, Yanjie, and John R. Logan. 1996. "Market Transition and the Persistence of Power: The Changing Stratification System in Urban China." *American Sociological Review*, 61 (5): 739-58.

Bian, Yanjie, and Zhanxin Zhang. 2002. "Marketization and Income Distribution n Urban China, 1988 and 1995." *The Future of Market Transition*, 19: 377-415.

Bian, Yanjie, and John R. Logan. 1996. "Market Transition and the Persistence of Power: The Changing Stratification System in Urban China." *American Sociological Review*, 61 (5): 739-58.

Blau, Francine D., and John W. Graham. 1990. "Black-White Differences in Wealth and Asset Composition." *The Quarterly Journal of Economics*, 105 (2): 321-339.

Blau, P. M., and Duncan, O. D. 1967. *The American Occupational Structure.* New York: Wiley.

Blau, F. D., and Kahn, L. M. 2007. The Gender Pay Gap. *Economists' Voice*, 4 (4), 5.

Bowles, S., and Gintis, H. 2002. "The Inheritance of Inequality." *The Journal of Economic Perspectives*, 16 (3), 3-30.

Bowles, S. 1972. "Schooling and Inequality from Generation to Generation." *Journal of Political Economy*, 8: S219-51.

Boylea, Michael H., Yvonne Racinea, Katholiki Georgiadesa, Dana Snellinga, Sungjin Hongb, Walter Omaribaa, Patricia Hurleyc, and Purnima Rao-Melacini. 2006. "The Influence of Economic Development Level, Household Wealth and Maternal Education on Child Health in the Developing World." *Social Science & Medicine*, 63: 2242-2254.

Breen, R. (Ed.). 2004. *Social Mobility in Europe*. Oxford: Oxford University Press.

Brenner Mark. 2000. "Chapter 11. Reexamining the Distribution of Wealth in Rural China." *The Chinese Economy*, 33: 4, 36-67.

Brittain, J. A. 1977. *The Inheritance of Economic Status*. Washington, D. C.: The Brookings Institution.

Brumberg, Richard, and Franco Modigliani. 1954. Utility Analysis and Aggregate Consumption Function: An Interpretation of Cross-Sectional Data., edited by K. K. Kurihara. *Post-Keynesian Economics*, New Brunswick, NJ: Rutgers University Press.

Bureau of Labor Statistics. 1999. *Contingent and Alternative Employment Arrangements*. Washington, DC: U. S. Department of Labor Campbell, R. T., and Henretta, J. C. 1980. "Status Claims and Status Attainment: The Determinants of Financial Well-being." *American Journal of Sociology*, 618-629.

Campbell, L. A., and Kaufman, R. 2006. "Racial Differences in Household Wealth: Beyond Black and White." *Research in Social Stratification and Mobility*, 24, 131-152.

Carroll, C. D., Dynan, K. E., and Krane, S. D. 2003. "Unemployment Risk and Precautionary Wealth: Evidence From Households' Balance Sheets." *The Review of Economics and Statistics*, 85, 586-604.

Cassirer, N. 2000. *Nonstandard Work among Women in the United States.* Paper prepared for Conference on Nonstandard Work Arrangements. Kalamazoo, MI: W. E. Upjohn Institute for Employment Research.

Chalasani, Satvika, and Rutstein Shea. "Household Wealth and Child Health in India." *Population Studies*, 68 (1): 15-41.

Chan, Tak Wing, and Vikki Boliver. 2013. "The Grandparents Effect in Social Mobility: Evidence From British Birth Cohort Studies." *American Sociological Review*, 78 (4), 662-678.

Charles, Kerwin Kofi, and Erik Hurst. 2003. "The Correlation of Wealth across Generations." *Journal of Political Economy*, 111 (6): 1155-82.

Cherlin, A. J., and Furstenberg, F. F. 1986. *The New American Grandparent.* New York, NY: Basic Books.

Chiteji, Ngina S., and Frank Stafford. 2000. *Asset Ownership Across Generations.* Jerome Levy Institute Working Paper.

Chetty Ray, Hendren Nathaniel, Kline Patrick, and Saez Emmanuel. 2013. *The Economic Impacts of Tax Expenditures. Evidence from Spatial Variation Across the U. S.* Working Paper.

Clark, Gregory. 2008. *A Farewell to Alms: A Brief Economic History of the World.* Princeton: Princeton University Press.

Cohany, S. R. 1996. "Workers in Alternative Employment Arrangements: A Second Look." *Monthly Lab. Rev.*, 121, 3.

Cohen, P. N. 2002. "Cohabitation and the Declining Marriage Premium for Men." *Work and Occupations*, 29, 346-363.

Collins, Chuck. 2012. 99 *to* 1: *How Wealth Inequality Is Wrecking the World and What We Can Do about It.* San Francisco, CA: Berrett-Koehler Publishers.

Conley, D. 1999. *Being Black, Living in the Red: Race, Wealth and Social Policy in America.* Los Angeles, CA: University of California Press.

Conley, D. 2001. "Capital for College: Parental Assets and Postsecondary Schooling." *Sociology of Education*, 59-72.

Conley, D., and Glauber, R. 2008. *Wealth Mobility and Volatility in Black and White*

(Report). Washington, DC: Center for American Progress. Retrieved from http: //www. americanprogress. org/issues/2008/07/pdf/wealth_ mobility. pdf.

Cooksey, E. C. 1997. "Consequences of Young Mothers' Marital Histories for Children's Cognitive Development." *Journal of Marriage and the Family*, 245-261.

Corak, M. 2004. "Do Poor Children Become Poor Adults? Lessons for Public Policy from a Cross Country Comparison of Generational Earnings Mobility." *Workshop on Child Poverty*, UNICEF Innocenti Research Centre.

Corcoran, M., C. Jencks, and M. Olneck. 1976. "The Effects of Family Background on Eam-ings." *American Economic Review*, 6: 430-35.

Cowell, Frank A. 1995. *Measuring Inequality* (2nd edition). Bel Air, CA: Harvester Wheatsheaf, Hemel Hempstead.

Darnell, Alfred, and Darren E. Sherkat. 1997. "The Impact of Protestant Fundamentalism on Educational Attainment." *American Sociological Review*, 62: 306-315.

Davies, J. B., Sandström, S., Shorrocks, A., and Wolff, E. N. 2010. "The Level and Distribution of Global Household Wealth." *The Economic Journal*, 121 (551): 223-254.

Davies, J. B, ed. 2008. *Personal Wealth from a Global Perspective.* Oxford University Press.

Davies, J. B. 1981. "Uncertain Lifetime, Consumption, and Dissaving in Retirement." *The Journal of Political Economy*, 561-577.

De Tocqueville, A. c. 1840. *Democracy in America.* (Translated by Henry Reeve, EsQ) Saunders and Otley (London).

Dell, F., T. Piketty, and E. Saez 2007. Income and Wealth Concentration in Switherland over the Twentieth Century, in A. B. Atkinson and T. Piketty (eds), *Top Incomes over the Twenties Century: A Contrast between European and English-Speaking Countries*, Oxford: Oxford University Press.

Denton, M., and Boos, L. 2007. "The Gender Wealth Gap: Structural and Material Constraints and Implications for Later Life." *Journal of Women & Aging*, 19, 105-119.

Deere, C. D., and Doss, C. R. 2006. "The Gender Asset Gap: What do We Know and Why does It Matter. (Translated by Henry Reeve, EsQ) *Feminist Economics*, 12 (1-2), 1-50.

Dietz, B. E., Carrozza, M., and Ritchey, P. N. 2003. "Does Financial Self-efficacy Explain gender differences in retirement saving strategies?" *Journal of Women & Aging*, 15, 83-96.

Downey, D. B. 1995. "When Bigger is Not Better: Family Size, Parental Resources, and Children's Educational Performance." *American Sociological Review*, 746-761.

Easterlin, Richard A., Christine Macdonald, and Diane J. Macunovich. 1990. "How have American Baby Boomers Fared? Earnings and Economic Well-being of Young Adults, 1964-1987." *Journal of Population Economics*, 34: 277-290.

Easterlin, Richard A., Christine M. Schaeffer, and Diane J. Macunovich. 1993. "Will the Baby boomers be Less Well off than Their Parents? Income, Wealth, and Family Circumstances over the Life Cycle in the United States." *Population and Development Review*, 497-522.

Ellison, Christopher G., John P. Bartkowsi, and Michelle L. Segal. 1996. "Conservative Protestantism and the Parental Use of Corporal Punishment." *Social Forces*, 74: 1003-28.

Ellison, Christopher G., and, Darren E. Sherkat. 1993. "Conservative Protestantism and Support for Corporal Punishment." *American Sociological Review*, 58: 131-44.

Erikson, R., and Goldthorpe, J. H. 1992. *The Constant Flux: A Study of Class Mobility in Industrial Societies*. Oxford University Press, USA.

Erola, J., and Moisio, P. 2006. "Social Mobility over Three Generations in Finland, 1950-2000." *European Sociological Review*, 23, 169-183.

Featherman, David L. 1971. "The Socioeconomic Achievement of White Religio-Ethnic Subgroups: Social and Psychological Explanations." *American Sociological Review*. 36: 207-22.

Fireside, Daniel, Amy Gluckman, Smriti Rao, Alejandro Reuss, and The Dollars & Sense Collective. 2009. *The Wealth Inequality Reader*. Boston, MA: Dollars & Sense Economic Affairs Bureau.

Forrest, R., Murie, A., and Williams, P. 1990. *Home Ownership: Differentiation* and Fragmentation. Unwin Hyman London.

Gale, William G., and John Karl Scholz. 1994. "Intergenerational Transfers and the Accumulation of Wealth." *The Journal of Economic Perspectives*: 145–160.

Gan, Li, Zhichao Yin, Nan Jia, Shu Xu, Shuang Ma, and Lu Zheng. 2014. *Data You Need to Know about China*: *Research Report of China Household Finance Survey* 2012. New York: Springer.

Ganzeboom, H. B., Treiman, D. J., and Ultee, W. C. 1991. "Comparative Intergenerational Stratification Research: Three Generations and Beyond." *Annual Review of sociology*, 277–302.

Ginn, J., and Arbor, S. 1996. "Patterns of Employment, Gender and Pensions: The Effect of Work History on Older Women's Non-state Pensions." *Work, Employment and Society*, 10, 469–490.

Gottschalck, Alfred O. 2008. *Net Worth and the Assets of Households*: *2002*. in US Department of Commerce and US Census Bureau, http://www.census.gov/prod/2008pubs/p70–115.pdf.

Green, R. K., and White, M. J. 1997. "Measuring the Benefits of Homeowning: Effects on children." *Journal of Urban Economics*, 41 (3), 441–461.

Greeley, Andrew M. 1969. "Continuities in Research on the Religious Factor." *American Journal of Sociology*, 75: 355–59.

Grinstein-Weiss, M., Yeo, Y. H., Zhan, M., and Pajarita, C. 2008. "Asset Holding and Net Worth among Households with Children: Differences by Household Type." *Children and Youth Services Review*, 30, 62–78.

Grogger, Jeff, and Eric Eide. 1995. "Changes in College Skills and the Rise in the College Wage Premium." *The Journal of Human Resources*, 30 (2): 280–310.

Gundersen, J. R. 1998. *Women and Inheritance in America. In Inheritance and Wealth in America*. Springer US. pp. 91–118.

Guriev, Sergei, Rachinsky, Andrei, 2008. The Evolution of Personal Wealth in the Former Soviet Union and Central and Eastern Europe. In Davies, James B. (Ed.) *Personal Wealth from a Global Perspective*. Oxford University Press, Oxford, pp. 134–149.

Hall, M., and Crowder, K. 2011. "Extended-Family Resources and Racial Inequality in the Transition to Homeownership." *Social Science Research*, 40, 1534-1546.

Hamnett, C. 1991. "A Nation of Inheritors? Housing Inheritance, Wealth and Inequality in Britain." *Journal of Social Policy*, 20, 509-536.

Hanna, S. D., and Lindamood, S. 2005. *Risk Tolerance of Married Couples*. Paper presented at the meeting of the Academy of Financial Services, Chicago, IL.

Huang, Youqing, and Leiwen Jiang. 2009. "Housing Inequality in Transitional Beijing." *International Journal of Urban and Regional Research*, 33 (4): 936-56.

Huang, Youqin, and William A. V. Clark. 2002. "Housing Tenure Choice in Transitional Urban China: A Multilevel Analysis." *Urban Studies*, 39: 7-32.

Hao, L. 2007a. *Quantile regression* (No. 149). Sage.

Hao, L. 2007b. *Color Lines, Country Lines: Race, Immigration, and Wealth Stratification in America*. New York, NY: Russell Sage Foundation.

Hardy, M. A., and Shuey, K. 2000. "Pension Decisions in a Changing Economy: Gender Structure, and Choice." *Journal of Gerontology*, 55, S271-S277.

Haurin, D. R., Parcel, T. L., and Haurin, R. J. 2002. "Does Homeownership Affect Child Outcomes?" *Real Estate Economics*, 30 (4), 635-666.

Hauser, Seth M., and Yu Xie. 2005. "Temporal and Regional Variation in Earnings Inequality: Urban China in Transition between 1988 and 1995." *Social Science Research*, 34. 1: 44-79.

Hauser, R. M., and T. N. Daymont. 1977. "Schooling, Ability, and Earnings: Cross-Sectional Findings 8 to 14 Years After High School Graduation." *Sociology of Education*, 50: 182-206.

Henretta, J. C. 1984. "Parental Status and Child's Home Ownership." *American Sociological Review*, 131-140.

Henretta, J. C., and Campbell, R. T. 1978. "Net Worth as an Aspect of Status." *American Journal of Sociology*, 1204-1223.

Hippie, S. 2001. "*Contingent Work in the Late - 1990s*." Monthly Lab. Rev.,

124, 3.

Homans, George C. 1974. *Social Behavior: Its Elementary Forms*. New York: Harcourt, Brace & Jovanovich.

Hsiung, B., and Putterman, L. 1989. "Pre-and Post-reform Income Distribution in a Chinese Commune: The Case of Dahe Township in Hebei Province." *Journal of Comparative Economics*, 13 (3), 406-445.

Hu, F. 2013. "Homeownership and Subjective Wellbeing in Urban China: Does Owning a House Make You Happier?" *Social Indicators Research*, 110 (3), 951-971.

Hurd, M. D. 1987. "Savings of the Elderly and Desired Bequests." *American Economic Review*, 77: 298-312.

Jäntti, Markus, and Eva Sierminska. 2008. "Survey Estimates of Wealth Holdings in OECD Countries: Evidence on the Level and Distribution across Selected Countries." in James B Davies. (edited) *Personal Wealth from a Global Perspective*, New York, NY: Oxford University Press. pp. 27-41.

Jansen, Wim, and Xiaogang Wu. 2012. "Income Inequality in Urban China, 1978-2005." *Chinese Sociological Review*, 45 (1): 3-27.

Jencks, C. 1979. *Who Gets Ahead? The Determinants of Economic Success in America*. New York: Basic Books.

Jencks, C. 1972. *Inequality: A Reassessment of the Effect of Family and Schooling in America*. New York: Basic Books.

Jager, M. M. 2012. "The Extended Family and Children's Educational Success." *American Sociological Review*, 77, 903-922.

Kalleberg, A. L. 2000. "Nonstandard Employment Relations: Part-Time, Temporary and Contract Work." *Annual Review of Sociology*, 26, 341-365.

Kalleberg, A. L., Reskin, B. F., and Hudson, K. 2000. "Bad Jobs in America: Standard and Nonstandard Employment Relations and Job Quality in the United States." *American Sociological Review*, 65, 256-278.

Keister, Lisa A. 2014. "The One Percent." *Annual Review of Sociology*, 40, 347-367.

Keister, Lisa A. 2008. "Conservative Protestants and Wealth: How Religion Perpetuates Asset Poverty." *American Journal of Sociology*, 113 (5), 1237-1271.

Keister Lisa A. 2007. "Upward Wealth Mobility: Exploring the Roman Catholic Advantage." *Social Forces*, 85 (3): 1-31.

Keister, Lisa A. 2005. *Getting Rich: America's New Rich and How They Got that Way*. Cambridge: Cambridge University Press.

Keister, Lisa A. 2003. "Religion and Wealth: The Role of Religious Affiliation and Participation in Early Adult Asset Accumulation." *Social Forces*, 82: 173-205.

Keister, Lisa A. 2000. *Wealth in America: Trends in Wealth Inequality*. New York, NY: Cambridge University Press.

Keister, Lisa A., and Hang Young Lee. 2014. "The One Percent Top Incomes and Wealth in Sociological Research." *Social Currents*, 1 (1), 13-24.

Keister, Lisa A., and Stephanie Moller. 2000. "Wealth Inequality in the United States." *Annual Review of Sociology*, 26: 63-81.

Keister, Lisa A., Agius Vallejo, J., and Borelli, E. P. 2013. *Mexican American Mobility: An Exploration of Wealth Trajectories*. Duke University Department of Sociology Working paper.

Khan, Shamus. 2012. "The Sociology of Elites." *Annual Review of Sociology*, 38: 361-377.

Kiker, B. F., and, C. M. Condon. 1981. "The Influence of Socioeconomic Background on the Earningso f Young Men." *Journal of Human Resources*, 16: 94-105.

Killewald, A. 2013. "Return to Being Black, Living in the Red: A Race Gap in Wealth that Goes beyond Social Origins." *Demography*, 50 (4), 1177-1195.

Killewald, A. and B. Bryan. 2015. *Falling Behind: The Black-White Wealth Gap in Life Course and Intergenerational Perspective*. PAA Annual Meeting. San Diego, April 30-May 2.

Klevmarken, Anders. 2006. *The Distribution of Wealth in Sweden: Trends and Driving Factors*. Working Paper, Uppsala University.

Koenker, R., and Bassett Jr, G. 1978. "Regression Quantiles." *Econometrica*:

Journal of the Econometric Society, 33-50.

Koenker, Roger, and Gilbert Bassett, Jr. 1978. "Regression Quantiles." *Econometrica*, 46 (1): 33-50.

Kotlikoff, Laurence J., and Lawrence H. Summers. 1981. "The Role of Intergenerational Transfers in Aggregate Capital Accumulation." *Journal of Political Economy*, 89: 706-732.

Krieger James, and Donna L. Higgins. 2002. "Housing and Health: Time Again for Public Health Action." *American Journal of Public Health*, 92 (5): 758-768.

Kuznets S. 1955. "Economic Growth and Income Inequality." *The American Economic Review*, 1-28.

Kurz, K., and Blossfeld, H. P. (Eds.). 2004. *Home Ownership and Social Inequality in a Comparative Perspective*. Stanford University Press.

Lampman, Robert J. 1962. *The Share of Top Wealth-holders in National Wealth*, 1922-1956. Princeton, NJ: Princeton University Press.

Land, K. C. 1996. "Wealth Accumulation across the Adult Life Course: Stability and Change in Socio-demographic Covariate Structures of Net Worth Data in the Survey of Income and Program Participation, 1984 - 1999." *Social Science Research*, 25, 426-462.

Lehrer, Evelyn L. 1999. "Religion as a Determinant of Educational Attainment: An Economic Perspective." *Social Science Research*, 28: 358-379.

Lehrer, Evelyn L. 1995. "The Effect of Religion on the Labor Supply of Married Women." *Social Science Research*, 24: 281-301.

Lerman, Robert I., and Shlomo Yitzhaki. 1985. "Income Inequality Effects by Income Source: A New Approach and Applications to the United States." *The Review of Economics and Statistics*, 67 (1): 151-156.

Lerman, Donald L., and James J. Mikesell. 1988. "Rural and Urban Poverty: An Income /Net Worth Approach." *Policy Studies Review*, 7: 765-781.

Li, Shi. 2000. "Housing Consumption in Urban China: A Comparative Study of Beijing and Guangzhou." *Environment and Planning A*, 32 (6), 1115-1134.

Li, Shi, and L. Li. 2006. "Life Course and Housing Tenure Change in Urban China:

A Study of Guangzhou." *Housing Studies*, 21 (5), 653-70.

Lindert, Peter H. 2000. "When did Inequality Rise in Britain and America?" *Journal of Income Distribution*, 9 (1): 11-25.

Li, Shi, Hiroshi Sato, and Terry Sicular, (eds.) *Rising Inequality in China: Challenges to a Harmonious Society*, Cambridge: Cambridge University, 2013.

Li, Shi, and Renwei Zhao. 2008. "Changes in the Distribution of Wealth in China, 1995—2002." in James B. Davies (edited) *Personal Wealth from a Global Perspective*, New York, NY: Oxford University Press. pp. 93-111.

Li, Shi, and Haiyuan Wan. 2015. "Evolution of Wealth Inequality in China." *China Economic Journal*, 8: 3, 264-287.

Logan, John R., Yiping Fang, and Zhanxin Zhang, 2009. "Access to Housing in Urban China." *International Journal of Urban and Regional Research*, 33: 914-935.

Logan, John R., Yanjie Bian, and Fuqin Bian, 1999. "Housing Inequality in Urban China in the 1990s." *Int. J. Urban Reg. Res.* 23, 7-25.

Logan, John R., and Yanjie Bian. 1993. "Inequalities in Access to Community Resources in a Chinese City." *Social Forces*, 72 (2): 555-576.

Lydall, Harold. 1968. *The Structure of Earnings*. Oxford, UK: Clarendon Press.

Ma, Dali. 2011. "A Relational View of Organizational Restructuring: The Case of Transitional China." *Management and Organizational Review*, 8 (1): 51-75.

Malthus. 1798. *An Essay on the Principle of Population*. Publisher/Edition London: J. Johnson, in St. Paul's Church-yard.

Man, J. Y., Zheng, S., and Ren, R. 2011. "Housing Policy and Housing Markets: Trends, Patterns and Affordability." *China's Housing Reform and Outcomes*, 3-18.

Marcum, John P. 1981. "Explaining Fertility Differences among U. S. Protestants." *Social Forces*, 60: 532-43.

Mare, R. D. 2011. "A Multigenerational View of Inequality." *Demography*, 48: 1-23.

Matteo, Livio Di. 1997. "The Determinants of Wealth and Asset Holding in

Nineteenth-Century Canada: Evidence from Microdata." *The Journal of Economic History*, 57: 907–934.

McGovern, P., Smeaton, D., and Hill, S. 2004. "Bad Jobs in Britain: Nonstandard Employment and Job Quality." *Work and Occupations*, 31, 225–249.

McGrath, D. M., and Keister, L. A. 2008. "The Effect of Temporary Employment on Asset Accumulation Processes." *Work and Occupations*, 35 (2), 196–222.

McKinley, Terry, and Keith Griffin. 1993. "The Distribution of Land in Rural China." *The Journal of Peasant Studies*, 21 (1): 71–84.

McKinley, Terry. 1993. "The Distribution of Wealth in Rural China." in K. Griffin and R. Zhao (edited) *The Distribution of Income in China*, . London: Macmillan Press. pp. 116–134.

McKinley, Terry. 1996. The Distribution of Wealth in Rural China. ME Sharpe.

McNamee, S. J., and Miller Jr, R. K. 1998. *Inheritance and Stratification. Inheritance and wealth in America*. Springer US.

Menchik, P. L., and Jianakoplos, N. A. 1997. "Black-White Wealth Inequality: Is Inheritance the Reason?" *Economic Inquiry*, 35 (2), 428–442.

Meng, Xin. 2007. "Wealth Accumulation and Distribution in Urban China." *Economic Development and Cultural Change*, 55 (4): 761–791.

Miller Jr, R. K., and McNamee, S. J. 1998. *The Inheritance of Wealth in America*. Springer US.

Mincer, J. 1974. "Schooling, Experience, and Earnings." *Human Behavior & Social Institutions*, No. 2.

Morgan, Stephen L., and John C. Scott. 2007. "Intergenerational Transfers and the Prospects for Increasing Wealth Inequality." *Social Science Research*, 36: 1105–1134.

Mulder, C. H., and Smits, J. 1999. "First-time Home-ownership of Couples the Effect of Inter-generational Transmission." *European Sociological Review*, 15 (3), 323–337.

Nee, V. 1989. "A Theory of Market Transition: From Redistribution to Markets in State Socialism." *American Sociological Review*, 54: 663–81.

Nee, V. 1991. "Social Inequalities in Reforming State Socialism: Between Redistribution and Markets in China." *American Sociological Review*, 56: 267-82.

Nee, V. 1996. "The Emergence of a Market Society: Changing Mechanisms of Stratification in China." *American Journal of Sociology*, 101: 908-49.

Nee, V., and Cao, Y. 2005. "Market Transition and the Firm: Institutional Change and Income Inequality in Urban China." *Management and Organization Review*, 1 (1), 23-56.

Nee V, and Matthews R. 1995. *A Fair Day's Wage: Why Institutions Matter in Gender Inequality*. Presented at Annu. Meet. Am. Sociol. Assoc., 90th, Washington, DC.

Nee, V., and Matthews, R. 1996. "Market Transition and Societal Transformation in Reforming State Socialism." *Annual Review of Sociology*, 401-435.

Nee, V., and Lian, P. 1994. "Sleeping with the Enemy: A Dynamic Model of Declining Political Commitment in State Socialism." *Theory and Society*, 23 (2), 253-296.

Nee V, and Liedka RV. 1995. *Institutional Effects on Income Mobility and Inequality in Reforming State Socialism*. Am. Sociol. Assoc., 90th, Washington, DC.

Norris, Floyd. 1996. *Flood of Cash to Mutual Funds Helped Fuel'95 Bull Market*. New York Times, January 26.

Oberschall, Anthony. 1996. "The Great Transition: China, Hungary, and Sociology Exit Socialism into the Market." *American Journal of Sociology*, 101: 1028-1241.

Ohlsson, Henry, Jesper Roine, and Daniel Waldenström. 2008. *Long-run Changes in the Concentration of Wealth: An Overview of Recent Findings*. IFN Working Paper, No. 699.

Oi J. C. 1989. *State and Peasant in Contemporary China*. Berkeley: Univ. Calif. Press

Oi J. C. 1990. *The Fate of the Collective after the Commune*. See Davis, pp. 13-36.

Oi J. C. 1992. "Fiscal Reform and the Economic Foundations of Local State Corporatism in China." *World Polit*. 45: 99-126.

Oliver, Melvin L., and Thomas M. Shapiro. 1990. "Wealth of a Nation: A Reassessment of Asset Inequality in America Shows at Least One Third of Households Are Asset-Poor." *American Journal of Economics and Sociology*, 49 (2):

129-151.

Oliver, Melvin L., and Thomas M. Shapiro. 1997. *Black Wealth/White Wealth: A New Perspective on Racial Inequality*. New York, NY: Routledge.

O' Neill, J. 2003. "The Gender Gap in Wages, Circa 2000." *American Economic Review*, 93, 309-314.

Orr, Amy J. 2003. "Black-White Differences in Achievement: The Importance of Wealth." *Sociology of Education*, 76: 281-304.

Ozawa, M. N., and Lee, Y. 2006. "The Net Worth of Female-headed Households: A Comparison to Other Types of Households." *Family Relations*, 55, 132-145.

Ozawa, M. N., and Lum, Y. S. 2001. "Taking Risks in Investing in the Equity Market: Racial and Ethnic Differences." *Journal of Aging & Social Policy*, 12, 1-12.

Pan, Z. 2004. "Housing Quality of Communistparty Members in Urban China: A Comparative Study." *Housing Studies*, 19. 2, 193-205.

Parish, William L. 1984. "Destratification in China." in J. Watson (edited) *Class and Social Stratification in Post-revolution China*, New York: Cambridge-University Press, pp. 84-120.

Parish, W. L., and Michelson, E. 1996. "Politics and Markets: Dual Transformations." *American Journal of Sociology*, 1042-1059.

Parsons, D. O. 1975. "Intergenerational Wealth Transfers and the Educational Decisions of Male Youth." *Quarterly Journal of Economics*, 89: 603-17.

Pence, K. M. 2006. "The Role of Wealth Transformations: An Application to Estimating the Effect of Tax Incentives on Saving." *Contributions to Economic Analysis & Policy*, 5 (1). doi: 10. 2202/1538-0645. 1430.

Peng, Yusheng. 1992. "Wage Determination in Rural and Urban China: A Comparison of Public and Private Industrial Sectors." *American Sociological Review*, 57: 198-213.

Pfeffer, F. T. 2014. "Multigenerational Approaches to Social Mobility. A Multifaceted Research Agenda." *Research in Social Stratification and Mobility*, 35, 1-12.

Piketty, Thomas. 2014. *Capital in the Twenty-First Century*. Cambridge, MA: Harvard

University Press.

Piketty, Thomas, Gilles Postel-Vinay, and Jean-Laurent Rosenthal. 2004. "Wealth Concentration in a Developing Economy: Paris and France, 1807 - 1994." *American Economic Review*, 96 (1): 236-56.

Polanyi K. 1944/ 1957. *The Great Transformation*, Boston: Beacon.

Rona-Tas A. 1994. "The First shall be Last? Entrepreneurship and Communist Cadres in the Transition from Socialism." *American Journal of Sociology*, 100: 40-69.

Rozelle S. 1994. "Rural industrialization and Increasing Inequality: Emerging Patterns in China's Reforming Economy." *J. Comp. Econ*, 19: 362-91.

Ruel, E., and Hauser, R. M. 2013. "Explaining the Gender Wealth Gap." *Demography*, 50 (4), 1155-1176.

Rumberger, R. W. 1983. "The Influence of Family Background on Education, Earnings, and Wealth." *Social Forces*, 61 (3), 755-773.

Sato, Hiroshi, Terry Sicular, and Ximing Yue. 2013. "Housing Ownership, Incomes, and Inequality in China, 2002—2007." in Shi Li, Hiroshi Sato, and Terry Sicular (edited), *Rising Inequality in China: Challenges to a Harmonious Society*, by. New York, NY: Cambridge University Press, pp. 85-141.

Schmidt, L., and Sevak, P. 2006. "Gender, Marriage, and Asset Accumulation in the United States." *Feminist Economics*, 12, 139-166.

Scholz, John Karl, and Kara Levine. 2003. *US Black-White Wealth Inequality: A Survey*. in Department of Economics and Institute for Research on Povery, University of Wisconsin-Madison. Madison, Wisconsin.

Sewell, W H., and R. M. Hauser. 1975. *Education, Occupation and Earnings*. New York: Academic Press.

Shapiro, Thomas M. 2004. *The Hidden Cost of Being African American: How Wealth Perpetuates Inequality*. New York, NY: Oxford University Press.

Sherkat, Darren E., and Christopher G. Ellison. 1999. "Recent Developments and Current Controversies in the Sociology of Religion." *Annual Review of Sociology*, 25: 363-394.

Sherkat, Darren E. 2000. "That They Be Keepers of the Home: The Effect of

Conservative Religion on Early and Late Transitions into Housewifery." *Review of Religious Research*, 41: 344-458.

Shorrocks, Anthony. Davies, James, and Rodrigo Lluberas. 2011, *Credit Suisse Global Wealth Databook* 2011. Credit Suisse Reseach Institute.

Shorrocks, Anthony. Davies, James, and Rodrigo Lluberas. 2012, *Credit Suisse Global Wealth Databook* 2012. Credit Suisse Reseach Institute.

Shorrocks, Anthony. Davies, James, and Rodrigo Lluberas. 2013, *Credit Suisse Global Wealth Databook* 2013. Credit Suisse Reseach Institute.

Shorrocks, Anthony. Davies, James, and Rodrigo Lluberas. 2014, *Credit Suisse Global Wealth Databook* 2014. Credit Suisse Reseach Institute.

Shorrocks, Anthony. Davies, James, and Rodrigo Lluberas. 2015, *Credit Suisse Global Wealth Databook* 2015. Credit Suisse Reseach Institute.

Shorrocks, Anthony. Davies, James, and Rodrigo Lluberas. 2016, *Credit Suisse Global Wealth Databook* 2016. Credit Suisse Reseach Institute.

(https://www.credit-suisse.com/uk/en/news-and-expertise/research/credit-suisse-research-institute/publications.html.)

Sierminska, E. M., Fricky, J. R., and Grabka, M. M. 2010. "Examining the Gender Wealth Gap." *Oxford Economic Papers*, 62, 669-690.

Smith, J. P. 1995. "Racial and Ethnic Differences in Wealth in the Health and Retirement Study." *Journal of Human Resources*, 30, S158-S183.

Soltow, Lee. 1981. "Wealth Distribution in Finland in 1800." *Scandinavian Economic History Review*, 29 (1): 21-32.

Song, Xi, and Yu Xie. 2014. "Market Transition Revisited: Changing Regimes of Housing Inequality in China, 1988-2002." *Sociological Science*, 1: 277-291.

Spilerman, Seymour. 2000. "Wealth and Stratification Processes." *Annual Review of Sociology*, 26: 497-524.

Stratton, L. S. 2002. "Examining the Wage Differential for Married and Cohabiting men." *Economic Inquiry*, 40, 199-212.

Sunden, A. E., and Surette, B. 1998. "Gender Differences in the Allocation of Assets in Investment Savings Plans." *The American Economic Review*, 88, 207-211.

Swidler, Ann. 1986. "Culture in Action: Symbols and Strategies." *American Sociological Review*, 51: 273-286.

Theil, Henri. 1967. *Economics and Information Theory*. Chicago, Amsterdam: Rand McNally and Co. and North-Holland Publishing Company.

Treas, J. 1993. "Money in the Bank: Transaction Costs and the Economic Organization of Marriage." *American Sociological Review*, 723-734.

U. S. Census Bureau. 2001. *Household Net Worth and Asset Ownership*, 1995 (No. 70-71). Washington, DC: U. S. Department of Commerce, Economics and Statistics Administration.

Vespa, J., and Painter II, M. A. 2011. "Cohabitation History, Marriage, and Wealth accumulation." *Demography*, 48 (3), 983-1004.

Walder, Andrew G. 2002. "Markets and Income Inequality in Rural China: Political Advantage in an Expanding Economy." *American Sociological Review*, 67: 231-253.

Walder, Andrew G. 1995. "Career Mobility and the Communist Political." *American Sociological Review*, 60 (3): 309-328.

Walder, Andrew G. 1992. "Property Rights and Stratification in Socialist Redistributive Economies." *American Sociological Review*, 57: 524-39.

Walder, Andrew G., and Xiaobin He. 2014. "Public Housing into Private Assets: Wealth Creation in Urban China." *Social Science Research*, 46: 85-99.

Wan, Guanghua. 2007. "Understanding Regional Poverty and Inequality Trends in China: Methodological Issues and Empirical Findings." *Review of Income and Wealth*, 53 (1): 25-34.

Warren, T., Rowlingson, K., and Whyley, C. 2001. "Female Finances: Gender Wage Gaps and Gender Asset Gaps." *Work, Employment and Society*, 15, 465-488.

Watson, J., and McNaughton, M. 2007. "Gender Differences in Risk Aversion and Expected Retirement Benefits." *Financial Analysts Journal*, 63 (4), 52-62.

Whyte, Martin King, and William L. Parish. 1984. *Urban Life in Contemporary China*. Chicago: University of Chicago Press.

Wilmoth, J. , and Koso, G. 2002. "Does Marital History Matter? Marital Status and Wealth Outcomes among Pre-retirement Adults." *Journal of Marriage and Family*, 64, 254-268.

Wolff, Edward N. 1990. "Wealth Holdings and Poverty Status in the US." *Review of Income and Wealth*, 36 (2): 143-165.

Wolff, Edward N. 1992. "Changing Inequality of Wealth." *The American Economic Review*, 82 (2): 552-558.

Wolff, Edward N. 1994. "Trends in Household Wealth in the United States, 1962-83 and 1983-89." *Review of Income and Wealth*, 40. 2: 143-174.

Wolff, Edward N. 1995. "The Rich Get Increasingly Richer: Latest Data on Household Wealth During the 1980s." in E. R. Ratcliff, M. L. Oliver, and T. M. Shapiro (edited). *Research in Politics and Society*, Vol. 5, Greenwich, CT: JAI Press, pp. 33-68.

Wolff, Edward N. 1998. "Recent Trends in the Size Distribution of Household Wealth." *The Journal of Economic Perspectives*, 12 (3): 131-150.

Wolff, Edward N. 2000. *Recent Trends in the Size Distribution of Household Wealth* (Working Paper No. 300). Annandale-on Hudson, NY: Bard College, Jerome Levy Economics Institute.

Wolff, Edward N. 2004. *Changes in Household Wealth in the* 1980*s and* 1990*s in the US*. Working Paper No. 407, The Levy Economics Institute of Bard College, New York.

Wooldridge, J. M. 2010. *Econometric Analysis of Cross Section and Panel Data*. MIT press. pp, 517-551.

Wu, Xiaogang. 2002. "Work Units and Income Inequality: The Effect of Market Transition in Urban China." *Social Forces*, 80 (3), 1069-1099.

Wu, Xiaogang. 2002. *Embracing the Market: Entry into Self-employment in Transitional China*, 1978-1996. Population Studies Center, University of Michigan.

Wu, Xiaogang. 2013. *Redrawing the Boundaries: Work Units and Social Stratification in Urban China. Report* 13-795. Population Studies Center, University of Michigan.

Wu, Xiaogang. , and Donald J. Treiman. 2004. "The Household Registration System and Social Stratification in China: 1955 - 1996." *Demography*, 41 (2), 363 - 384.

Wu, Xiaogang, and Yu Xie. 2003. "Does the Market Pay Off? Earnings Returns to Education in Urban China." *American Sociological Review*, 68 (3): 425-442.

Wu, Xiaogang, and Donald J. Treiman. 2007. Inequality and Equality Under Chinese Socialism: The Hukou System and Intergenerational Occupational Mobility. *American Journal of Sociology*, 113 (2): 415-445.

Xie, Yu., and Xiaogang Wu. 2008. "Danwei Profitability and Earnings Inequality in Urban China." *The China Quarterly*, 195, 558-581.

Xie, Yu, Qing Lai, and Xiaogang Wu. 2009. "Danwei and Social Inequality in Contemporary Urban China." *Sociology of Work*, 19: 283-306.

Xie, Yu, and Jingwei Hu. 2014. "An Introduction to the China Family Panel Studies (CFPS)". *Chinese Sociological Review*.

Xie, Yu, and Jin, Yongai. 2015. "Household Wealth in China." *Chinese Sociological Review*, 47 (3), 203-229.

Xie, Yu, and Emily Hannum. 1996. "Regional Variation in Earnings Inequality in Reform-era Urban China." *American Journal of Sociology*, 950-992.

Xie, Yu, and Xiang Zhou. 2014. *Income Inequality in Today's China*. Proceedings of the National Academy of Sciences 111. 19: 6928-6933.

Yamokoski, A., and Keister, L. A. 2006. "The Wealth of Single Women: Marital Status and Parenthood in the Asset Accumulation of Young Baby Boomers in the United States." *Feminist Economics*, 12 (1-2), 167-194.

Yemtsov, Ruslan. 2008. "Housing Privatization and Household Wealth in Transition." In Davies, James B. (Ed.), *Personal Wealth from a Global Perspective*. Oxford University Press, Oxford, 312-333.

Zellner, Arnold. 1962. "An Efficient Method of Estimating Seemingly Unrelated Regression Equations and Tests for Aggregation Bias." *Journal of the American Statistical Association*, 57: 348-368.

Zeng, Zhen, and Yu Xie. 2014. "The Effects of Grandparents on Children's Schooling: Evidence from Rural China." *Demography*, 51. 2: 599-617.

Zhang, Zhuoni, and Xiaogang Wu. 2010. "Rural Labor Migration and Regional Disparities in Earnings Inequality in China: Evidence from the 2005 National Population Sample Survey." *Population and Development* (in Chinese), 16 (1): 11-18.

Zhao, Renwei, and Sai Ding. 2010. "The Distribution of Wealth in China." in Björn A. Gustafsson, Shi Li, and Terry Sicular (edited). Inequality and Public Policy in China, NY: Cambridge University Press, 118-144.

Zhao, Wei, and Xueguang Zhou. 2002. "Institutional Transformation and Returns to Education in Urban China: An Empirical Assessment." *Research in Social Stratification and Mobility*, 19: 339-75.

Zhou, Xiang. 2014. "Increasing Returns to Education, Changing Labor Force Structure, and the Rise of Earnings Inequality in Urban China, 1996 - 2010." *Social Forces*, 93. 2: 429-455.

Zhou, Xueguang. 2000. "Economic Transformation and Income Inequality in Urban China: Evidence from Panel Data." *American Journal of Sociology*, 105 (4): 1135-74.

Zhou, Xueguang. 2004. *The State and Life Chances in Urban China*. Cambridge: Cambridge University Press.

Zhou, Xueguang, Nancy Brandon Tuma, and Phyllis Moen. 1997 "Institutional Change and Job-Shift Patterns in Urban China, 1949 to 1994." *American Sociological Review*, 62: 339-65.

Zhou, Xueguang, and Suhomlinova, Olga, 2001. "Redistribution under State Socialism: A USSR and PRC Comparison." *Res. Soc. Stratific. Mobil.* 18, 163-204.

Zhu Yushu, Qiang Fu, and Qiang Ren. 2014. "Cross-City Variations in Housing Outcomes in Postreform China An Analysis of 2005 Microcensus Data." *Chinese Sociological Review*, 46 (3), 26-54.

尾 记

这是以我博士论文为基础修改而成的成果，想借此特别感谢我博士阶段的导师谢宇教授。2007 年，刚上大二的我聆听了谢老师在中国人民大学的讲座，他在讲台上的挥洒自如、睿智和大气深深地吸引了我；2012 年，他被中国人民大学聘为兼职教授，我有幸成为他门下的学生，从此在他的带领下开启了痛并快乐着的学术征程。在这个过程中，有不断探索、不断失败的迷茫，但每一次跟谢老师交流之后都有“柳暗花明又一村”的喜悦。仅看我博士论文的创作过程，谢老师在上面花费的心血其实并不比我少。从开始确定研究问题到最终定稿，我跟谢老师讨论了几十次。他总是细致地听取我的研究过程，认真地看结果，给予详细的意见，每一次的讨论都让我豁然开朗。最让我感动的还有谢老师对工作的满腔热情、对学术的认真态度、对学生的体贴关心，让我对学者品质、大师精神、治学态度有了更深的理解，让我在学术上有了标杆。我能走到今天，取得现在的成绩，更是得益于谢老师对我的肯定、欣赏和鼓励。漫长的学术道路刚刚开始，怀着感恩的心，我会更加努力，在追寻理想的路上不忘初心，坚守心中那一方阵地！

2017 年 12 月 16 日于中国人民大学科研楼 A 座 601

图书在版编目（CIP）数据

家庭财产影响因素研究 / 靳永爱著. -- 北京 ：社会科学文献出版社，2018.5

（21 世纪人口学研究系列）

ISBN 978-7-5201-2570-3

Ⅰ. ①家… Ⅱ. ①靳… Ⅲ. ①家庭财产-研究-中国 Ⅳ. ①TS976.15

中国版本图书馆 CIP 数据核字（2018）第 074263 号

21 世纪人口学研究系列

家庭财产影响因素研究

著　　者 / 靳永爱

出 版 人 / 谢寿光
项目统筹 / 谢蕊芬
责任编辑 / 杨　阳

出　　版 / 社会科学文献出版社 · 社会学出版中心（010）59367159
地址：北京市北三环中路甲 29 号院华龙大厦　邮编：100029
网址：www. ssap. com. cn

发　　行 / 市场营销中心（010）59367081　59367018

印　　装 / 三河市龙林印务有限公司

规　　格 / 开　本：787mm× 1092mm　1/16
印　张：14　字　数：240 千字

版　　次 / 2018 年 5 月第 1 版　2018 年 5 月第 1 次印刷

书　　号 / ISBN 978-7-5201-2570-3

定　　价 / 69.00 元